日本の家電製品

昭和を彩った家電製品

佐竹　博

産業図書

まえがき

電化元年といわれた昭和28年、わが家にはじめて家電が来た年だ。それはトースターであった。朝食は毎日ご飯だったのが、週の何日かはパン食になったころだ。

食卓にキラキラと光るトースターが置かれたときは、子供心にも何かとても豊かな気分になったものだ。パンを食べるよりもトースターを使うのが朝食の楽しみになった。この年は家庭の主婦の家事労働を劇的に軽減させたといわれる、国産洗濯機も発売された。電化生活すなわち文化生活といった考えが生まれたほどである。のちにくる家電を中心とした消費革命が、日本の家庭にすんなりと受け入れられる下地を作っていくことになる。

昭和30年代、戦中・戦後の耐乏生活、節約時代をかけぬけてようやく一息をついた時代であった。「三種の神器」と呼ばれた白黒テレビ、洗濯機、冷蔵庫と次々に電化製品が家庭に入ってきたころだ。このような家庭電化製品、「家電」を揃えていくことに満足を覚えていた。それは自分たちが豊かになっていくのを目に見える形で示していたし、そのことに幸せを感じていた。

昭和40年代後半、「電子立国日本」を象徴する製品が現れた。電卓である。この後、急速に普及していく電卓は膨大な生産量を背景に、立ち遅れていた日本の半導体産業を急速に立ち上がらせた効果は絶大であった。半導体はカラーテレビ、ＶＴＲにも使用されるようになり、これらの家電は世界的なヒット商品となって海外に羽ばたいていき、その後昭和60年代の「日米半導体摩擦」を引き起こすまでの産業へと成長していく。

昭和50年代には日本の家電製品は、欧米先進国の家電製品を凌駕した。品質、コストの造り込みで、家電製品の技術的な進歩はめざましく、従来の外国技術への依存から、自社開発の技術へと成長していった。

しかし平成になると、これらの優位性がなくなった。国内における家電製品市場も停滞したが、その活性化対策として出てきたのが、ユニーク機能を持った家電製品である。高価格だが高機能な製品が次々と市場に登場した。斬新な技術で、消費者の夢と「使ってみたい」という感情を喚起した。

日本の家電製品は自動車と並んで車の両輪として経済をリードしてきた。戦後の日本経済の成長・発展のなかで洗濯機、冷蔵庫、テレビ、オーディオ機器の普及、さらに情報化の家庭への普及が進み、家電産業は自動車産業と並んで耐久消費工業部門となった。同時にこの部門の成長発展が、日本の経済成長のひとつの原動力となった。

これら昭和、平成を代表し、歴史を作った家電製品について、その時代の社会状況と受け入れられた背景と対比しながら、「日本の家電製品」の成長過程について詳説していく。

目次

第1章　あこがれの家電製品

昭和30年代前半、「三種の神器」と呼ばれた白黒テレビ、洗濯機、冷蔵庫と次々に電化製品が家庭に入ってきた時代だった。白黒テレビがお茶の間に据えられたときは、何かとても豊かな気分になったものだ。電化生活という言葉が生まれ、このような家庭電化製品、「家電」を揃えていくことに満足を覚えていた。それは自分たちが豊かになっていくのを目に見える形で示していたし、そのことに幸せを感じていた。

テレビ放送が始まったのが昭和28年（１９５３）だから、まだ白黒テレビも庶民にとって高嶺の花だった。昭和29年には駅前広場などで放映されている、街頭テレビが人を集め、力道山が活躍するプロレス中継映像に人々は熱狂した。昭和30年に入ると電器店の店頭のみならず、銭湯や大型飲食店など集客能力の高い店舗に次々と導入されていった。早くからテレビを購入できた裕福な家庭にも入りはじめ、テレビのある家には、近所の者がお茶菓子を持参であがりこんだりした。テレビを持っている家のほうでも、一軒の専有物にしておくのはためらわれるようなところがあった。

昭和33年には初の国産テレビ映画「月光仮面」が登場し、子供たちは月光仮面を真似して背中に風呂敷をつけて、月光仮面のテーマソングを歌いながら原っぱで遊んでいた。そして昭和34年には「皇太子ご成婚」中継ができたばかりの東京タワーから放映された。テレビ時代の到来である。テレビは戦後復興のシンボルとして、急速に家庭へ浸透していった。

白黒テレビの他に、この時代一気に普及した家電に電気釜（炊飯器）がある。

昭和30年12月に「寝ている間にご飯が炊ける」というキャッチコピーで売り出され、発売から4年ほどの間に普及率は50パーセントになった。

冷蔵庫や洗濯機などと比べて価格が比較的安かったこともあり、朝の貴重な時間を節約できることがどれほど魅力的であったか想像できる。

それ以前はかまどでご飯を炊いていた、信じられないほど手間がかかった。まず、薪の準備だが薪に火をつけるのも面倒で、薪が湿っていれば火が起こりにくいし、乾いていれば火が強すぎる。「はじめチョロチョロ、中パッパ、ぶつぶつ言うころ火をひいて、赤子なくともふたとるな」と火加減を調整するのも相当な熟練が要る。さらに水加減、炊き上がりの後の蒸らし。おひつへの移し、おひつの保温とご飯を炊くのにもかなりの技を要した。これができて、一人前の主婦といわれもした。

昭和30年代後半、オリンピック景気に沸く日本は高度成長の階段を、息もつかずに一気に駆け上っていった。

平均収入は急激な右肩上がりのカーブを描き、「明日は今日よりも美しい」との期待感で、人々は「豊かさの時代」を謳歌していた。

豊かさの象徴と呼ばれたのが、次々と登場する新しい家電である。やぐらこたつ、換気扇、掃除機、電気毛布、トランジスタラジオ、ジューサー・ミキサー、ステレオ、テープレコーダー、カラーテレビなどこの時期に本格的に市場投入された。

さらには、ラジオにＦＭが加わり、洗濯機は脱水装置付き、冷蔵庫は冷凍庫付きと、新たな技術開発が日進月歩で進んだ。

家電製品を一つ買い揃えるごとに生活レベルがひとランク上がると誰もが信じ、事実、新製品は爆発的に売れた。

昭和40年代は「３Ｃ」時代といわれる。３Ｃとはカー（自家用車）、カラーテレビ、クーラーを指すが、昭和30年代の「もはや戦後ではない」、復興の時代から昭和40年代になって、自家用車やエアコン、カラーテレビなどの耐久消費財に手が出せるほど所得水準が上がったのである。

昭和43年（1968）には日本経済はGNP世界第2位を達成した。経済大国への道は庶民にとってさまざまな家電製品を購入すること、自家用車がある一戸建て住宅を持つことで実感させた。消費行動そのものを生活の目標にする、「消費は美徳」というライフスタイルをとり始めたのはこの時代である。昭和39年（1964）に東京オリンピック、同年に東海道新幹線開通、昭和40年に名神高速道路の全線開通、さらに昭和45年（1970）には大阪万博が開催された。経済大国として繁栄を謳歌したのである。

図1・1に昭和30年代から今日までのその時代を代表する家電製品を示した。家電という工業製品が日本人の生活を変え、日本の文化に影響を与え、また社会と密接な関わりを持ってきたのがうかがえる。

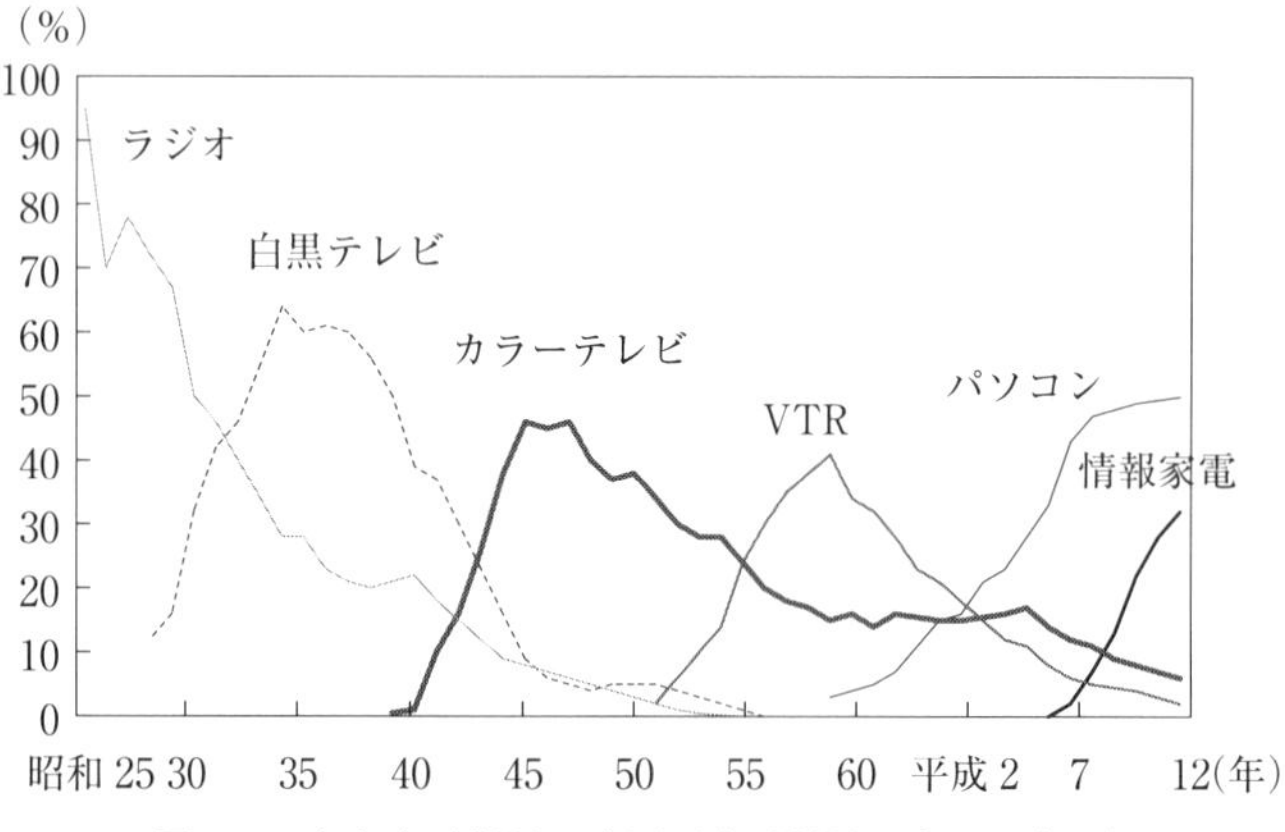

図 1.1　主力家電製品の変遷（家電製品に占める売上）

1・1　ＡＬＷＡＹＳ 三丁目の夕日

昭和33年（１９５８）、東京タワーが建設中のこのころ、パソコンも携帯電話もなく、今ほど便利でも裕福でもなかったけれど、人々は来るべき未来を夢みながら、ひたすら前に突き進んでいた。この年に着工された東京タワーは人々の夢と希望の象徴となり、着々と天に向かって伸び続けていた。「ＡＬＷＡＹＳ 三丁目の夕日」は、そんな東京タワーを背景に織りなす物語で、「家電の物語」といってもよい映画だ。

昭和33年が舞台の映画「ALWAYS三丁目の夕日」（© 2005「ALWAYS三丁目の夕日」製作委員会）

ある夏の日、自動車修理工場・鈴木オートを営む鈴木家に白黒テレビが届く。拍手で迎える。人気の力道山のプロレス中継が放送されていた。三丁目の人々が総出で鈴木家に詰めかけ、お祭り騒ぎが繰り広げられた。テレビが一家の専有物ではなかった時代である。

また、同じころ冷蔵庫が運び込まれ、鈴木家の主人、則文が冷蔵庫のドアを開け中を覗き込んで思わず「おおーっ」、その広さに驚きの声をあげる。これまでの氷冷蔵庫とは格段に違う広さである。

夏の暑い日、鈴木家の一人息子の一平が扇風機に息を吹きかけて、風切り音で遊んでいた。それを見た母親が「何にしてんの！」、まだ扇風機が珍しい時代である。

「ＡＬＷＡＹＳ 三丁目の夕日」は第29回（２００５年度）日本アカデミー賞を受賞し、公開直後から興業首位を記録して、この年の年末から、年越しロングラン上映となった。昭和33年の東京の下町を舞台とし、夕日町三丁目に暮らす人々の暖かな交流を描くドラマに仕上がっている。東京タワー、蒸気機関車、都電、上野駅、三輪自動車ミゼットなどが彩り

昭和 32 年　ダイハツ工業「ミゼット」
低価格と取扱いやすさで大人気だった
（ダイハツ工業（株）提供）

を添え、白黒テレビ、冷蔵庫、扇風機などの家電が重要な役割を担った。

昭和30年代前半の、小さいけれど大切な夢に向かって生きていた人々に郷愁を感じ、現代では薄れてしまった、家族の絆を懐かしむところに共感を得たのであろう。

1・2　初任給で洗濯機を買ってあげたい

「洗濯というと思いだすのはしゃがんだ母の後ろ姿だ。母は風呂場の流しにたらいを置いて洗濯板と硬い洗濯石鹸を使って、1枚ずつごしごしと手洗いをしていたので、子どもの私には後ろ姿しか見えなかった。洗濯で荒れた母の手を見て、早く給料を貰って洗濯機を買ってあげたいと思った」

これは、昭和30年代前半、学校を卒業して社会人になったばかりの新入社員に初任給の使みちについて聞いたときの、回答の一つであった。

当時、洗濯は風呂場や井戸端などにたらいを置き、洗濯板の上でごしごしと手で洗っていた。しゃがんで作業することも多く、一家4人分の洗濯量となると膨大で、この作業だけで午前中の大半が終わってしまうほど、家事のなかでも特に重労働であった。

昭和28年（1953）、日本人の洗濯事情を大きく変える製品が現れた。国産初の噴流式洗

昭和28年ころの洗濯風景（東芝科学館 提供）

濯機である。

洗濯機の普及に火をつけたのは、三洋電機が国産噴流式を外国製洗濯機の半分という価格で発売したことである。それ以前の昭和20年代の洗濯機は、「攪拌式」が主流であった。これは、洗濯機の中心に船のような形をした羽根が3枚ぐらい付いたものを回転させる形式だが、生地を傷めず、少々入れ過ぎても大丈夫といったことから使いやすく、米国では洗濯機の大部分を占めていた。それにならって、占領軍向けは攪拌式であり、それが国内にも販売されていた。

しかし攪拌式では形も丸型で大きく、設置するのに広い場所が必要であり、価格も高かった。それを角型で、小さく、コストも安くつくれるようにしたのが噴流式である。このタイプは、すでに昭和25年ころに英国のフーバー社製のものが輸入され、槽の側面または、底面に装備したパルセーター（回転翼）を回転させることで中心部に激流、その外側に急流を起こさせる構造だった。機構が簡単で、洗浄力にすぐれ、形状を角型にまとめることができる。その国産第1号が出たのが昭和28年8月のことである。この時、実はもう一つのメリットがあった、これまでの高率であった物品税が課せられなくなったのである。

価格は従来の外国製洗濯機の半分とはいえ、小売価格で二万八五〇〇〇円であった。国家公務員の大卒の初任給が七六五〇円であった年だから、主婦の一存ですぐに買える値段ではなかった。

しかし、高額の耐久財を売る手段としての戦前にあった月賦制度も復活していて、洗濯機の販売から利用された。この制度を使えば、初任給でも洗濯機を母親に買ってあげられることができた。

第2章　電球で始まった家庭電化

（明治～昭和20／～1945）

日本における家電製品の飛躍は昭和30年（1955）から昭和35年（1960）の「家電三種の神器」にみられるが、製品としての始まりは東芝の前身である白熱舎による、明治23年（1890）の炭素電球の製造によるとされる。一般家庭に電気が送られるようになったのは、この3年前の明治20年のことである。その後、タングステン電球が開発され、消費電力が炭素電球に対して大幅に改良され、創業期の電灯会社の経営に大きな革新をもたらした。

大正から昭和初期にかけての家電製品は非常に限定的なものであり、扇風機、電気アイロン、真空管式ラジオが代表的な製品といえる。

扇風機は早くに国産され、大正に入って家庭の洋風化によって普及し、大量生産されるようになった。基本的な構成は現在のものと大差ないと考えるが、羽根の形状、数、材質に技術的な改良が積み重なっていった。

また、現代でもその形状が踏襲されている電気アイロンについては昭和の初期に入って量産化が進み、昭和12年（１９３７）ころには普及率が25パーセント程度になった。スチーム、温度制御などの機能が追加され今日の製品につながっている。

一方、真空管式のラジオも大正13年（１９２４）に国産され、ラジオ放送が始まった大正14年を契機に昭和初期になると、量産体制が整った。

日本の家電製品は洗濯機、冷蔵庫を始め、多くは戦前に国産化を実現していたが、戦時体制の中でラジオを除く冷蔵庫、洗濯機など贅沢品として、家庭用の電気機器が製造禁止されていたため、ようやく成長した家電産業の芽は摘み取られてしまった。このように家電製品の製造と販売は厳しく制限され、家電産業の発展は中断を余儀なくされた。戦時中の生産中断による技術的な遅れは10年から20年であったといわれる。

戦後は米進駐軍による指定された規格の製品を、指定された納期までに大量に生産することが求められた。この経験が礎石となってその後、高度成長期に日本の家電が飛躍する要因となった。

明治 15 年　東京銀座通電気灯建設之図

日本最初の電気街灯（電気の史料館 提供）

明治 40 年　駒橋発電所

水力発電の始まり（電気の史料館 提供）

2・1　家電のあけぼの　タングステン電球

家庭電化のきっかけはタングステン電球の出現に始まる。それまでの白熱電球はフィラメントに炭素系の材料を使っている、炭素電球だった。炭素電球はエジソンによって発明されたが、明治23年（1890）に白熱舎（現・東芝）によって国産化された。1905年GE社でタングステン線が発明され、1910年フィラメントにこれを採用したタングステン電球が発明された。タングステン電球は炭素電球に比べ消費電力が3分の1で済み、まだ経営基盤が不安定だった電灯会社の経営を確固たるものにした。引き続きフィラメントが二重コイルの電球

明治23年　凌雲閣機絵双六

日本初のエレベーター

（電気の史料館 提供）

明治23年　国産初の白熱電球（東芝科学館 提供）

の発明によって電球の寿命、輝度が飛躍的に向上した。

同じころ、米国ドライバーハリス社によってニクロム線が発明され、それまでのマンガニン、ニッケリン、などの抵抗線に比べてニクロム線は高温に耐え、錆びず、酸にも強い特徴を持っていた。これが電熱器に採用され、タングステン電球とニクロム線の発明が相まって、家庭電化の黎明期を招いた。電灯会社は余剰になった電力を家庭用電熱として、消費者に売るようになった。

明治末期から大正・昭和にかけて、日本の家庭電化は急速に進み、明治40年に2パーセントにすぎなかった電灯普及率が20年後の昭和2年には87パーセントに達した。この家庭電化の黎明期、人々は続々と輸入されてくる家電製品に心を躍らせ、電化生活に夢を膨らませていった。

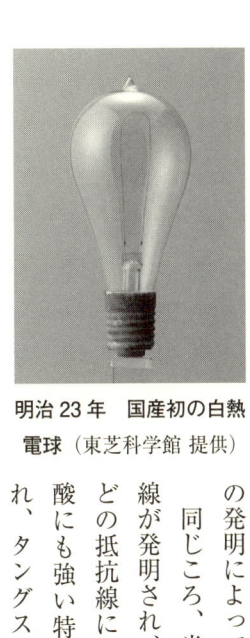

2・2　夏のそよ風　扇風機

現在、我々が使っている家電製品の中で最も早く国産化されたのは、白熱電球を除くと扇風機とアイロンである。明治27年（1894）には、東芝が扇風機の直流エジソン式電動機の頭部に、電球をつけた国産第1号機を開発した。白熱電球が登場して間もないころに、スイッチ操作一つで、頭部に電灯が灯り、同時に風が出る扇風機は、真っ黒で分厚い金属の羽根をつけた頑丈なものだった。

扇風機は大正3年(1914)ころから本格的に国産化され、関東大震災の後、生活が洋風化するに伴って、次第に普及していった。大正9年には、東海道線の急行列車向けに直流扇風機が製作され、換気のために窓をあけるしかなかった長距離乗車の客から、大いに好評を得たのである。

明治27年　国産1号の扇風機
電灯が灯る扇風機(東芝科学館 提供)

昭和初期　扇風機のポスター
(東芝科学館 提供)

関東大震災でメーカの工場が全焼して生産が止まったこともあったが、景気の回復とともに需要も拡大し、卓上用、天井用、換気用、鉄道車両用など製作アイテムも増えていった。こうして扇風機は製品の開発、機種の充実、生産の拡大が行われ、次第に家庭に普及していった。

明治43年（１９１０）ころ、アメリカでアイロンが本格的に実用化され、大正３年（１９１４）日本に輸入された。翌、大正4年芝浦製作所（現・東芝）が国産初のアイロンを発売した。２５０Ｗ電力品が約８円、３００Ｗ電力品が約10円であった。小学校の先生の初任給が50円のころの８円～10円であり、現在の４～５万円に相当する高価な商品であった。発熱体は、マイカ板にニクロム線を巻いていた。当初のアイロンは、温度調整のサーモスタットもなく、指先をぬらして底面に触れ温度を判断していた。焦げ付かせることもあり、必ず布地とアイロンの間に手ぬぐいのような別の布を当てていた。これを〝当て布〟といった。

大正４年　国産初のアイロン

（東芝科学館 提供）

扇風機とともに早くから国産化されたアイロンだが、形状についてはいまのものとあまり変わったところがない。昭和5年ころから量産体制をとるようになり、昭和12年の普及率は4軒に1軒程度と、家電の中では最も一般的な製品となっていった。

アイロンは実用性が高く、他の家電に比べれば比較的安く作れるようになり、戦前の家電の中では普及率トップの商品となった。

現在のような家庭用電気冷蔵庫は大正7年（1918）、米国ケルビネータ社によって世界で初めて製造販売された。日本における電気冷蔵庫の歴史は大正12年、三井物産が初めて輸入したことから始まる。昭和2年（1927）、東京電気（現・東芝）が米国GE社製を三井物産経由で輸入販売しつつ、同時に国産化を企画した。昭和5年（1930）、国産第1号の家庭用冷蔵庫が完成した。その背景には、それまでは家庭への送電が夜間だけだったのが、昼間

大正初期　アイロンのポスター

（東芝科学館 提供）

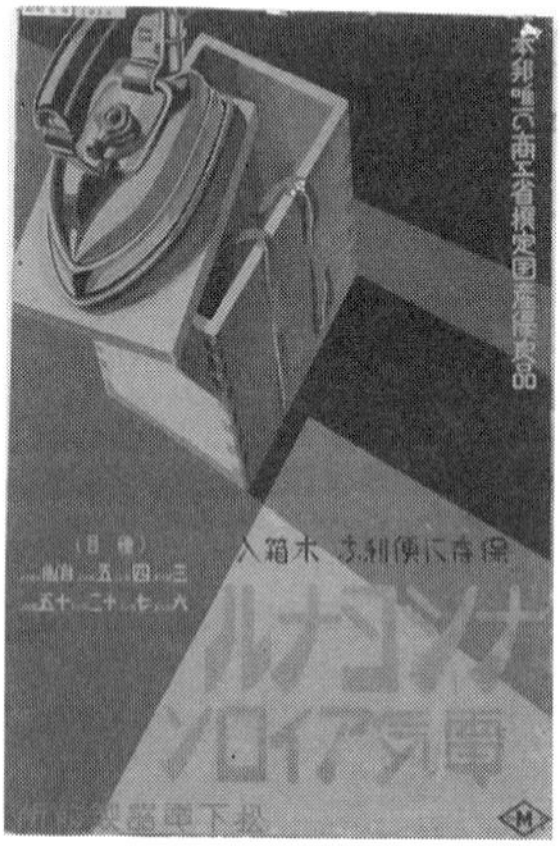

昭和初期　アイロンのポスター

木箱に入っている

（パナソニック(株) 提供）

も行われるようになったことがある。当時の冷蔵庫は、圧縮機が冷蔵庫の上にのっているタイプだった。

この冷蔵庫は米国ＧＥ社製をモデルに研究開発したもので、内容積は１２５リットル、重量１５７キロと金庫を思わせる堂々たる風格であった。密閉型首ふりシリンダ圧縮機と凝縮器及び制御装置がキャビネットの上に露出したモニタートップ型が特徴である。

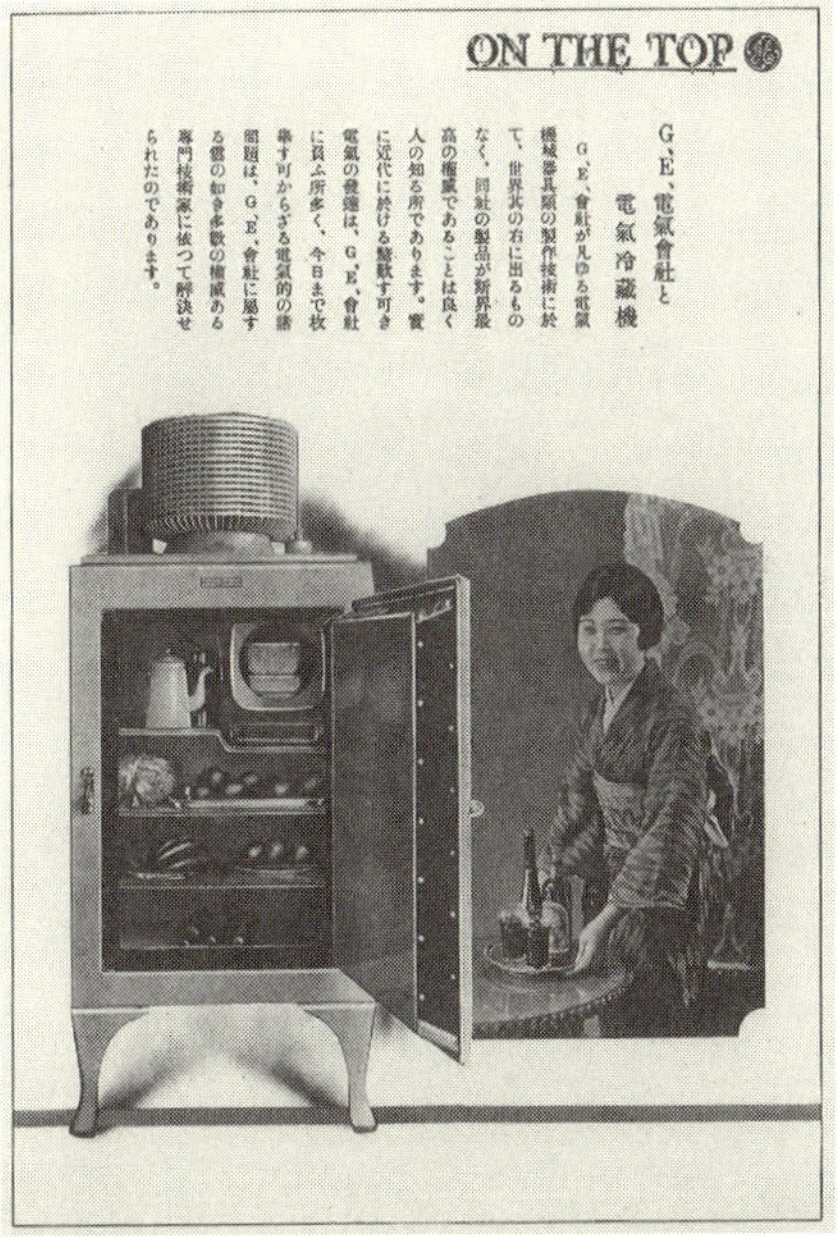

昭和初期　GE 社製輸入冷蔵庫のポスター

（東芝科学館 提供）

その後、幾多の検討を重ねて昭和８年（１９３３）、芝浦製作所（東芝）が純国産電気冷蔵庫として発売を始めた。このころは「電気冷蔵器」と呼ばれ、少し遅れて日立、三菱も販売するようになった。

当時、冷蔵庫といえば氷で冷やすのが一般的だったが、その氷冷蔵庫を持っている家庭も少なく、まして価格が７２０円で

昭和５年　国産１号の洗濯機

攪拌式の洗濯機
（東芝科学館 提供）

昭和５年　国産１号の冷蔵庫

金庫のようなたたずまい
（東芝科学館 提供）

庭つきの家が一軒買えるくらい、電気冷蔵庫は庶民にとって超贅沢品であった。昭和10年には、圧縮機や凝縮器をキャビネットの下部に納めたフラットトップ型冷蔵庫が発売され、このころから「電気冷蔵庫」という呼称が定着していった。

昭和5年（１９３０）、芝浦製作所（東芝）が国産第1号の攪拌式電気洗濯機の製作を開始した。自動絞り器付の洗濯機本体は、ハレー・マシン社から技術導入するとともに、攪拌翼についてはＧＥ社の技術特許を採用し、当時の最先端技術を駆使した商品であった。攪拌翼は、アルミ中空体の3枚羽根が上から下に向かって20度の傾斜があり、底部は少し広がっている。毎分約50回、２００度の往復運動を繰り返す。

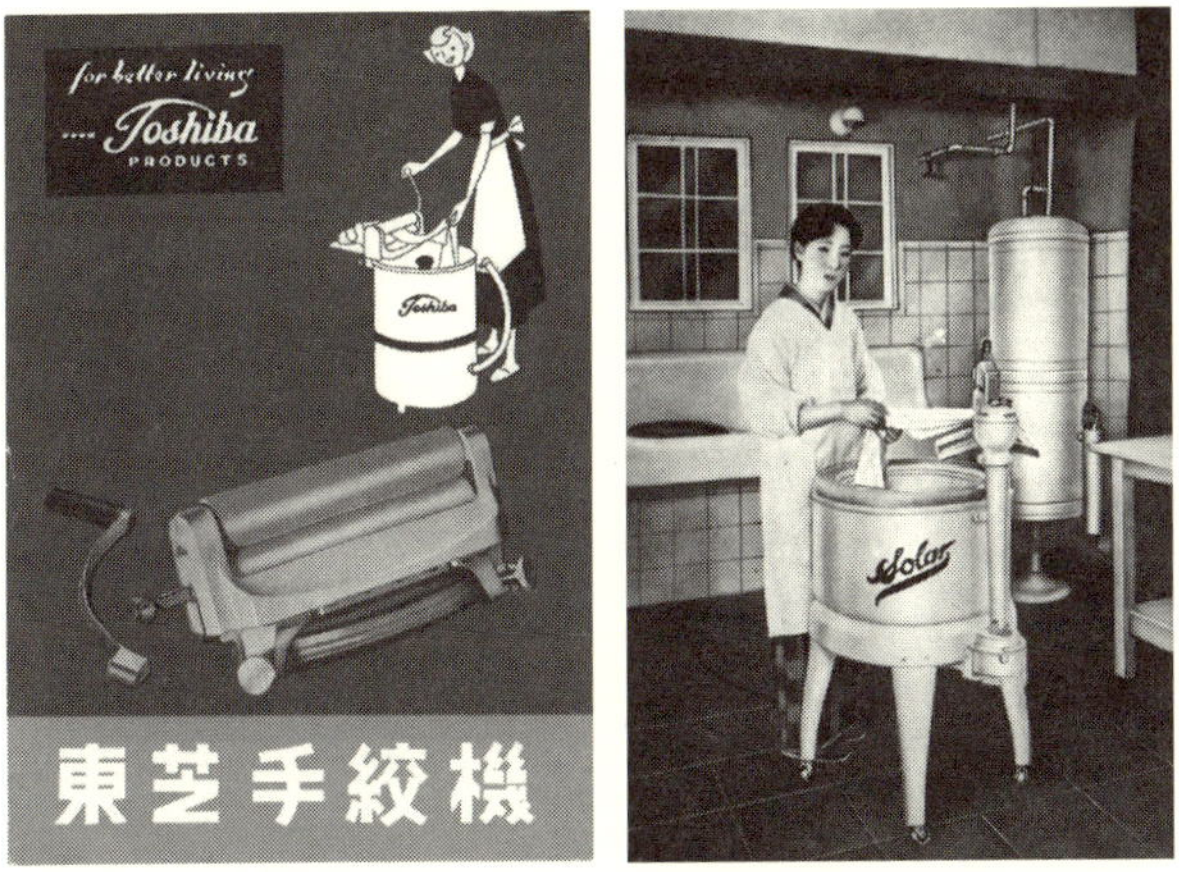

昭和５年　Solar 洗濯機の取扱説明書
（左：東芝科学館　右：電気の史料館 提供）

洗濯容量は２・７キロで、価格は３７０円と高く、銀行員の初任給が約70円であった当時、一般の家庭での購入は簡単にできる商品ではなかった。洗濯機開発の歴史は外国企業からの技術吸収で始まった。その後の技術開発により、小型軽量化や節水性、静音化などの新しい技術が生まれ、日本の習慣、風土に合った洗濯機へと進化してきた。

　この洗濯機の普及・発展が、わが国の女性（主婦）の生活を根本的に変えたといっても過言ではない。家事の中で、もっとも重労働となる洗濯作業が自動化され、女性の社会への進出を大いに助けているのだ。もちろん、炊飯器、冷蔵庫、掃除機なども助けとなっているが、なんといっても洗濯

昭和６年　国産１号の掃除機
大卒初任給の２カ月分の価格
（東芝科学館 提供）

機が女性を家事重労働から解放した一番の立役者である。

昭和６年（１９３１）、芝浦製作所（東芝）がGE社製をモデルに開発したアップライト型国産第1号の掃除機を発売した。価格は１１０円で当時の大卒初任給の約2カ月分に当たった。掃除機の吸込用床ブラシとモータが一体化した先端部には走行車輪がつき、軽く手で押すだけで掃除ができるよう工夫され、また掃除しやすいように柄の角度も可変できる構造になっていた。しかし当時の日本家屋は畳・板の間が中心で、掃除道具は「ほうき」「はたき」が主だったためあまり普及しなかった。

昭和12年（１９３７）の日華事変により生産は中断されるが、戦後の昭和22年には走行車輪を取り除き、小型軽量化に改良した掃除機が発売された。掃除機の本格的普及は、昭和30年（１９５５）以降となる。１９６０年代に団地（住宅公団）ブームでじゅうたんの洋室が増えるにしたがって、それ以降一般家庭に普及し始めた。

昭和初期　掃除機のカタログ

子供でも簡単に使えます

（東芝科学館 提供）

昭和6年　Solar 掃除機の取扱説明書

じゅうたんでの使用例

（電気の史料館 提供）

2・3　前畑ガンバレ　真空管ラジオ

昭和11年（1936）、ベルリンオリンピック女子平泳ぎ200メートルで前畑秀子の優勝は、いち早く真空管ラジオによって伝えられた。

「……切らないで下さい、スヰツチを切らないで下さい、もう予定時間ですが、切らないで待つて下さい、そのまま待つて下さい……」

中継開始予定時刻の午前0時を過ぎたため「スイッチを切らないでください」という言葉から始まった。

ベルリンから実況放送され、「前畑ガンバレ」の声を38回数えたといわれる名放送

大正 14 年　国産 1 号の鉱石ラジオ
レシーバで聴いていた　（シャープ㈱ 提供）

に、日本中が手に汗して聴き入ったのである。真夜中にラジオ中継を聴いていた当時の日本人を熱狂させた。それを伝えたのがお茶の間に据えられた真空管ラジオだった。

ラジオの歴史は古く、大正14年（1925）3月にラジオ放送が始まった。関東大震災で焦土と化した東京が、復興の気配を見せ始めたころである。当時の受信機は早川金属工業研究所（現・シャープ）の鉱石ラジオが大半で、視聴者はレシーバを耳に当てラジオにしがみつくようにして聴いていた。鉱石ラジオの価格は15円前後で高価であった、大卒初任給が65～75円の時代だ。

その後真空管技術の向上に伴って、真空管式に切り替えられ、交流電源からの受信が可能になるにつれて普及に拍車がかけられた。昭和初

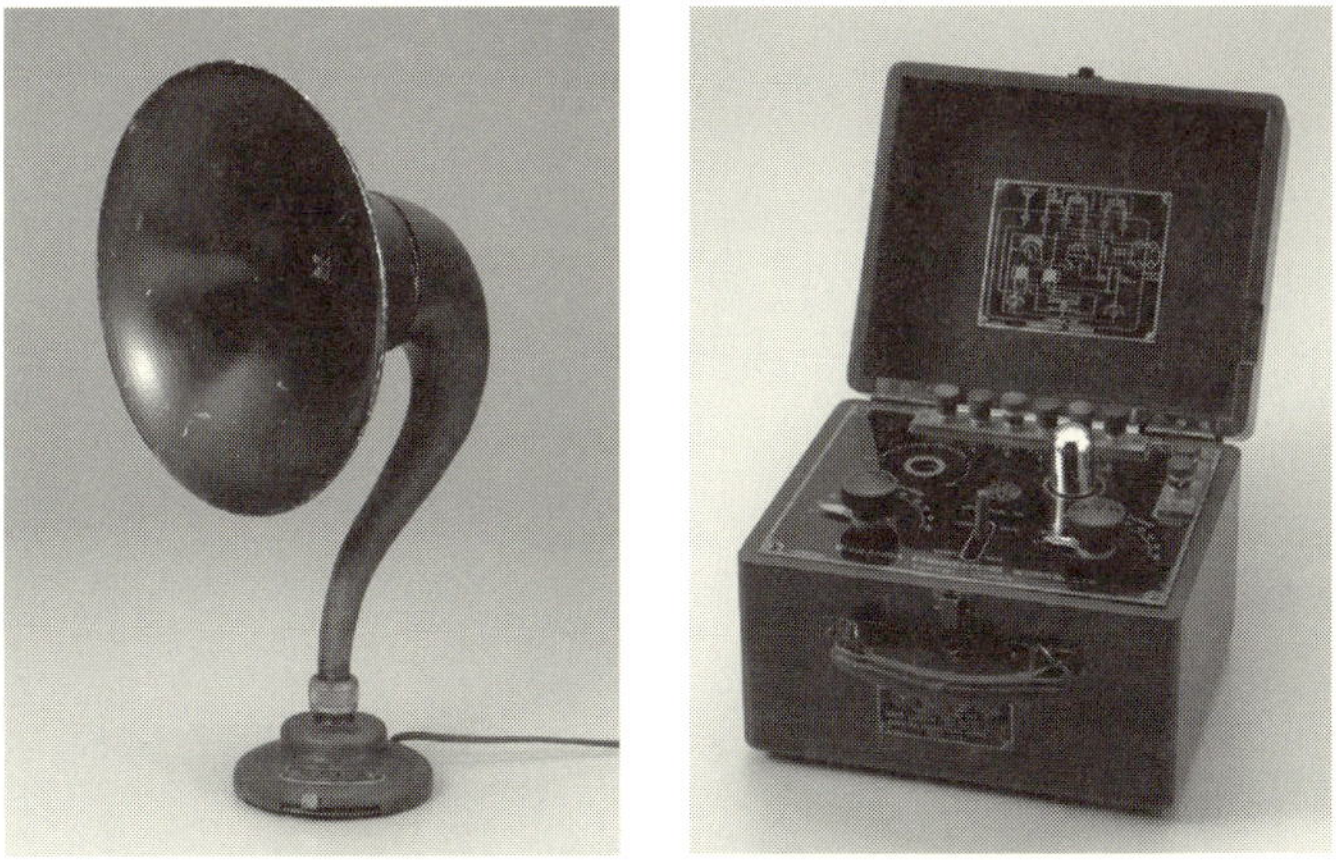

昭和初期　ラジオ受信機とスピーカー

ラジオは電灯線からを実現　（東芝科学館 提供）

昭和15年　真空管ラジオ

スピーカーが内蔵された　（東芝科学館 提供）

期の鉱石ラジオは、真空管とスピーカーを組み合わせた4球ラジオの出現で消えた。1台のラジオで何人もが一緒に放送を聴ける受信機が画期的だったのである。真空管ラジオは4〜5球式で4００〜5００円と高かったが、高級品にふさわしい存在感を放っていた。

前畑ガンバレで有名なベルリンオリンピックの実況、70連勝目前で敗れた双葉山の大相撲などスポーツ中継に一喜一憂したのもこのころである。

日中戦争が本格化した昭和12年以降、中国大陸の戦線の拡大に伴って、戦時体制が強化されていった。昭和13年には「国家総動員法」が公布され、日常生活に必要な物質までもが次々と制限され、禁止されていった。冷蔵庫、洗濯機も例外ではなかった。その中で、ラジオは情報伝達の手段として、国家統制を助ける機器として生産が続けられた。

戦争が激化し、家電製品の輸入はストップした。国産品も昭和15年7月7日に実施された「贅沢品製造販売制限規則」いわゆる「7・7禁止令」によって製造も中止され、これで家庭電化の芽は摘み取られることになった。

こうした中で、唯一の例外がラジオだった。統制国家における国民に情報を提供するための必要な道具としてラジオだけは不要不急の贅沢品扱いをまぬがれた。

昭和中期にテレビが普及し始めるまで、ラジオは茶の間のちゃぶ台と共に、家庭団らんの主役で生活の中心だった。

第3章　終戦から家電の時代へ（昭和20〜39／1945〜1964）

日本の家電製品の多くは戦前に国産化を実現していたが、戦時体制の中で家電製品の製造と販売は厳しく制限され、産業発展は中断を余儀なくされた。戦時中の生産中断による技術的な遅れは10年から20年であったといわれるが、戦後はまず欧米からの技術導入によってその空白を埋めることから始まった。

外国技術への依存があったとはいえ、官民一体の共同研究や激しい企業間競争の継続が、導入された技術の吸収、品質の改善とコストの低下を実現するのに寄与する一方、昭和30年（1955）ころからの高度経済成長は、民間設備投資の活性化や所得向上による三種の神器などの需要を生み、家電生産は一気に拡大した。

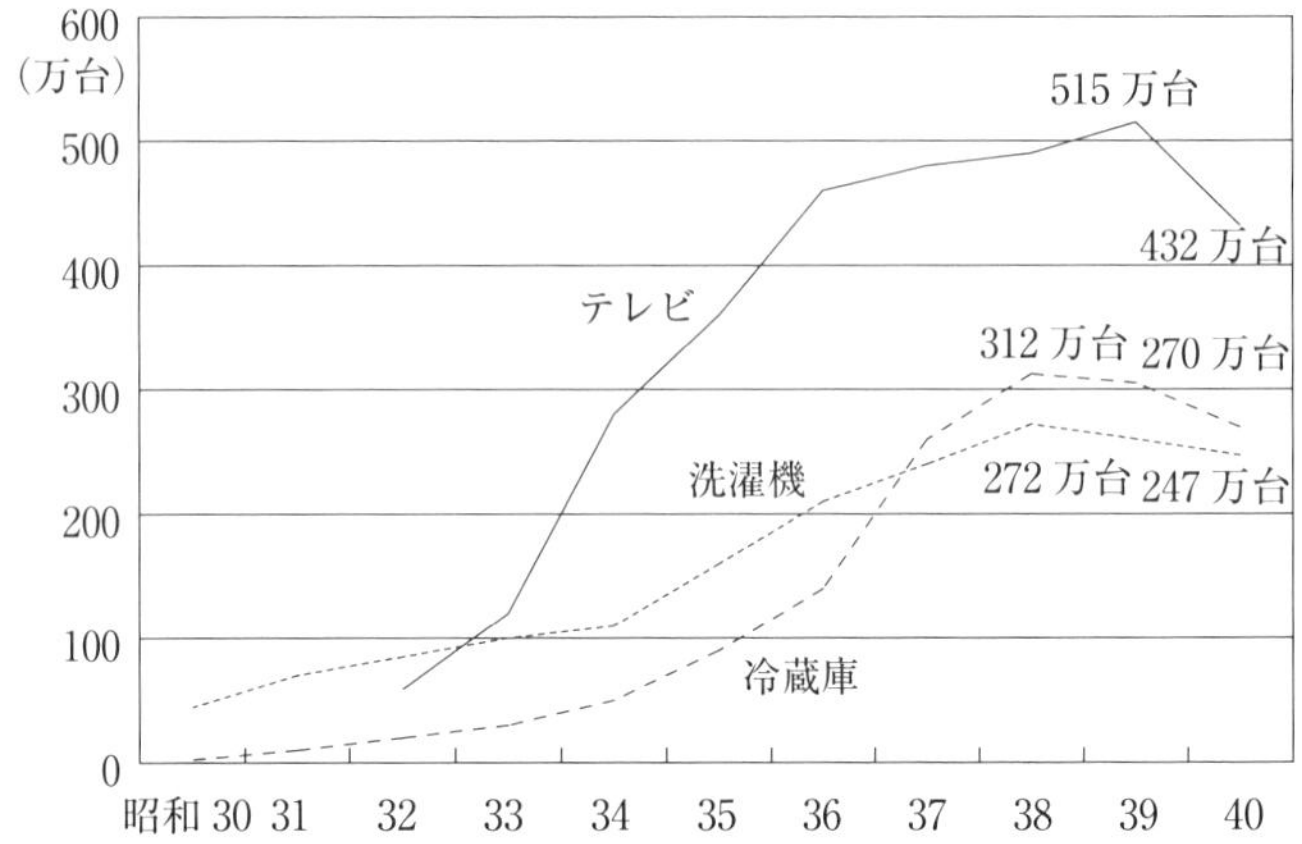

図3.1　三種の神器の出荷台数

その要因として、日本の潜在的な工業水準と労働力の質が高く、新技術を吸収しやすい状況にあった。また、外国技術の導入が世界的に容易だった。

昭和30年の技術白書にも「戦前の実力を基盤として行われたため、提携技術を短期間に吸収し戦時中および戦後の空白を充足して、わが国技術を世界水準に引き上げることに効果的であった」と表現されている。

日本における耐久消費財の一大転換点は昭和30年ころにきたといえる。

これ以前の耐久消費財はミシン、ラジオ、カメラ、タンスなどだったが昭和30年以降になると電気冷蔵庫、電気釜、電気洗濯機、テレビ、掃除機と家電製品が占めた。

表3・1に家電製品の普及率が50パーセントを

表3.1　普及率が50%を超えた年代

年代	家電製品
昭和35～40年頃	白黒テレビ、洗濯機、冷蔵庫
昭和40～45年頃	掃除機
昭和45～50年頃	カラーテレビ、ガス瞬間湯沸かし器、ステレオ
昭和50～55年頃	（乗用車）
昭和55～60年頃	ルームエアコン
昭和60～平成2年頃	電子レンジ、ビデオデッキ
平成2～7年頃	電気カーペット、CDプレーヤー、プッシュホン

超えた年代を示す。真空管ラジオは戦前から普及していたが、白黒テレビ、電気冷蔵庫、電気洗濯機は早くも昭和35年（1960）から昭和40年（1965）の間に50パーセントを超えた。

国民生活は昭和30年ころまでにほぼ戦前の水準に回復した。このころから生活構造の変革が始まり、家電製品の急速な普及が進んだ。

これまでの真空管ラジオは昭和30年にソニーによってトランジスタ化され、トランジスタラジオが開発された。

トランジスタラジオの開発はソニーを中心に進んできたが、昭和32年（1957）の後半からメーカ各社のトランジスタ量産体制が整い始めるに従って、トランジスタラジオの生産が本

昭和30年　トランジスタラジオ

日本の代表的な輸出品となっていく

（ソニー（株）提供）

格化し、輸出も開始された。当時の先端技術製品としての人気は高く、米国を中心に輸出は爆発的伸びを見せ、昭和32年に6万2000台であった生産台数も翌昭和33年に約300万台、昭和35年（1960）には1000万台へと拡大していった。

トランジスタラジオは真空管に代わってトランジスタを使うことで、小型化が可能になったことを特徴としているが、それにはスピーカー、コンデンサ、トランス、スイッチなどあらゆる部品の小型化が必要であった。そのため、専業の部品メーカに小型化の開発を依頼しポケッタブルなトランジスタラジオに結実した。

トランジスタラジオの開発努力が家電産業の技術水準を高め、業界の裾野を広げ、アセンブリメーカのほかに多数の部品メーカを生み出すという形でその後の、カラーテレビ、テープレコーダー、トランシーバ、オーディオ機器などの世界的に競争力のある製品を生み出す基礎となったといえる。このことが、日本の実装技術の実力を高める基本になった。また、周辺技術としてプリント基板に部品を実装する、部品挿入機（インサーター）、部品搭載機（チップマウンター）そして、プリント基板のはんだ付け状態を自動で検査する外観検査装置の開発に発展していった。

3・1　家電復興のきっかけ　進駐軍

戦前、生活近代化のための生活財の工業生産は緒についたばかりで太平洋戦争に突入、そして、家電産業は壊滅的な状態で戦後を迎えた。

存在さえ危うかった家電産業を浮揚させたのは「米進駐軍家族用住宅」のための家電の大量発注だった。昭和21年（1946）には2万戸規模で規格化された家具や家電の製造が、かろうじて残った国内の生産施設に発注された。

電気冷蔵庫、電気温水器、アイロン、電気掃除機、電気洗濯機、コーヒー沸かし、トースター、などあらゆる種類の家電製品の調達のための生産が指示された。

進駐軍からの大量注文は電気業界にとっては早天の慈雨だった。「マル進景気」と呼ばれた。進駐軍向けの家電製品の製造を始めた当時はその水準はきわめて低かった。進駐軍の技術将校は電気冷蔵庫など、アメリカと20年の技術的な差があると述べている。

進駐軍の厳重な監督の下で指定された規格の製品を、指定された期限までに大量に生産するのは並み大抵の苦労ではなかった。当時の経験が礎石となってその後、高品質な製品を大量に製造し、家庭電化が急速に普及する結果をみた。

昭和 26 年　電気コンロ

当時の数少ない家電製品（東芝科学館 提供）

戦後の家電の歴史は、まず電気コンロから始まった。ほかに燃料がないためやむを得ぬ電化だったが、スイッチひとつで使える便利さが、電化生活の夢をはぐくむきっかけとなった。

昭和23年（１９４８）からＮＨＫのラジオで放送された「アメリカ便り」は、漠然とした電化の夢に形を与えるものだった。在米記者のレポートは、朝起きてから夜寝るまで、さまざまな家電製品を利用しているアメリカの電化生活の合理さ、快適さを報告したものだった。

アメリカに対するあこがれが強い時代だったから、電化生活＝文化生活といった考えが生まれたほどである。のちにくる電化を中心とした消費革命が、日本の家庭にすんなりと受け入れられていったのも、こうした下地があってのことである。

このころの日本国民が使用している家電製品は、ラジオ、電気コンロ、アイロン、扇風機、トースターしか現実にはなかった。

特に、電気コンロは調理器具として人気が高く、白い陶器製の溝の中に螺旋状のニクロム線がはめ込まれているだけの簡単な器具だが、非常に重宝がられた。ニクロム線が切れても螺旋を利用して双方を引っ掛けて通電すれば、赤く熱せられてつながることが多かった。

昭和25年（1950）の「主婦の友」に出ている結婚調度品のリストをみると電気を使う厨房機器としては、電気コンロとトースターの二つだけだった。

昭和27年　ターンオーバー式トースター
厨房家電は電気コンロとトースターぐらいだった
（東芝科学館 提供）

昭和30代後半　ポップアップ式トースター（東芝）
朝食でパンを食べるようになった
（北名古屋市歴史民俗資料館 提供）

3・2 電化元年 角型洗濯機

「朝、ラジオの爽やかな音楽を聴きながら、トースター、パーコレーター、ミキサーを使っての暖かい朝食。食事を終えて美しくアイロン掛けされたワイシャツやズボンを身に着ける爽快さ、電化された明るい家庭の一日が始まりました」

「昼、台所では、小型ラジオに耳をかたむけながら電気レンジで昼食の用意、その間に電気洗濯機が自動的に素晴らしいスピードで美しくお洗濯をしてくれるなど、奥様の忙しい日課が能率よく運びます」

「夜、夕食後、蛍光灯の清新な照明のもと、一家そろって電気ストーブも暖かい一室でテレビや電蓄を楽しむころ、寝室では電気こたつがほんのりと暖かく御家族のお寝みを待っています」

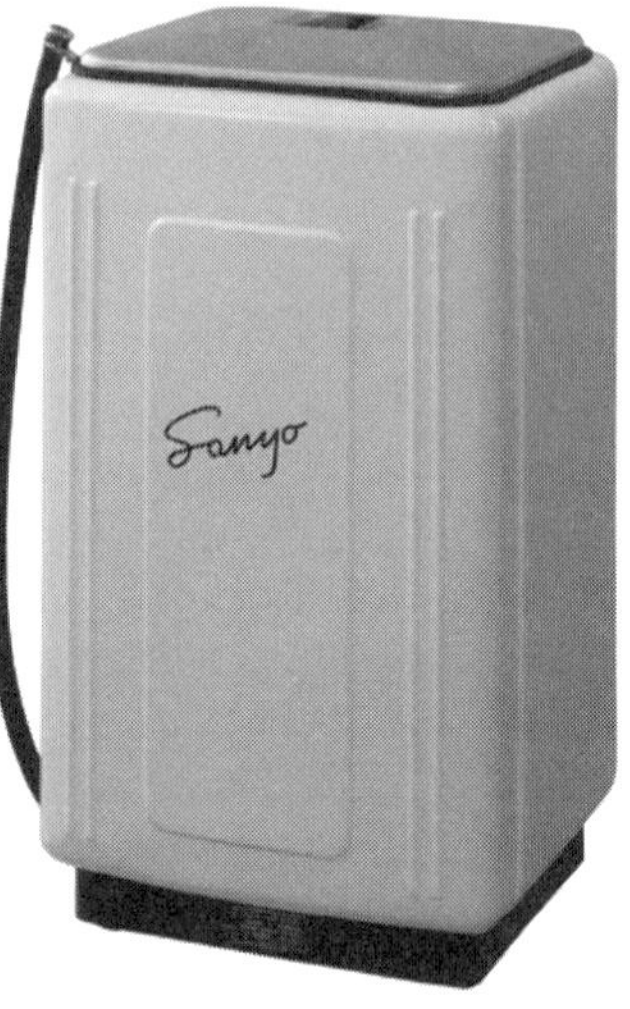

昭和 28 年　角型噴流式洗濯機

洗濯機普及の記念碑的製品

（三洋電機（株）提供）

これはもうすぐ現実のものとなる電化生活のイメージを描いた松下電器（現・パナソニック）の昭和28年（1953）の正月広告である、この当時、まだ電気釜はなかったし電気洗濯機は現在の噴流式やドラム式ではなかった。

最初に国産の電気洗濯機を製造したのは三洋電機で、昭和28年に発売した。小売価格で2万8500円であった。国家公務員の大卒の初任給が7650円であった年だから、主婦の一存ですぐに買える値段ではなかった。また、世の中に潜在的な抵抗感があった。衣類をすすぎ真っ白に洗い上げるのが主婦の仕事、それを機械に肩代わりさせて仕事をサボるものは怠け者だという意識が先行していた。

電気洗濯機が登場するまでは、洗濯は風呂場や井戸端などにたらいを置き、洗濯板の上でごしごしと手で洗っていた。しゃがんで作業することも多く、家事のなかでも特に重労働であった。

機械に肩代わりさせるのは怠け者だ、という潜在的な意識を変えるのに、当時の営業担当者たちのセールストークがある。

「一家の主婦が洗濯に疲れ、家事に疲れて倒れてしまったら、どうですか。子供は寂しがる、旦那さんは悲しがる、家庭内は暗くなる。薬代、病院代だけじゃあない。家族にとっても大きな大きな痛手になります。ところが、逆に女性の家事が楽になれば、家族の喜び、楽しみが増えます。それは一家の収入です」

この昭和28年を電化元年と名づけた。日本で主流になったのは、噴流式とそれを改良した渦巻き式である。イギリスのフーバ社が開発したものが原型だが、洗濯機の底から側面にパルセーター（回転翼）を取り付け、それを高速で回転させることで激しい水流を起こして洗うタイプである。攪拌式に比べて機構が簡単なので製造コストも安く済む。

電気洗濯機が普及し始めたのは、昭和30年（1955）ころからである。普及率は昭和35年（1960）に26パーセントになり、最初の普及家電製品となった。50パーセントを超えたのは昭和38年である。

この洗濯機の普及・発展が、わが国の女性（主婦）の生活を根本的に変えたといっても過言ではない。家事の中で、もっとも重労働となる洗濯作業が自動化され、女性の社会への進出を大いに助けているのだ。もちろん、炊飯器、冷蔵庫、掃除機なども助けとなっているが、なんといっても洗濯機が女性を家事重労働から解放した一番の立役者である。

3・3　テレビが届いた日

「我が家に初めて白黒テレビがきたのは、昭和35年後半ごろ、そろそろ「近隣テレビ時代」

国産1号のテレビ　14インチ

（シャープ(株) 提供）

から「お茶の間テレビ時代」に移ろうとしていた頃だ。テレビが初めて届く日、なんだか朝から家中がソワソワしていたのを覚えている。母親などはテレビをおくつもりでいる部屋を何度もくり返し掃除していた。兄弟連中も外へは出かけずに家でじっとテレビを届けられるのを、いまかいまかと待っていた。」（『家電製品にみる暮らしの戦後史』172頁　赤塚行雄）

　国産テレビは昭和28（1953）1月、早川電機（現・シャープ）から発売された。価格は17万5千円、当時の大卒初任給の20倍以上もした。RCAの電気回路の特許の使用許可をもらっていた。

日本の住宅事情に合わせて、14インチを中心に開発が進められた。

この年の2月にNHKのテレビ放送が始まった。

「JOAK‐TV、こちらは東京テレビジョンであります」

主婦が子供に話しかけた、「これは絵が出るラジオよ」

昭和 30 年ころ　街頭テレビ

力道山のプロレス中継が人気だった

昭和 30 年頃　テレビ、ラジオの広告

輸入品より優れた性能を強調　（シャープ(株) 提供）

ＮＨＫの放送開始から6カ月後、日本テレビが放送を開始した。「駅前広場テレビ時代」と呼ばれ、力道山が活躍するプロレスが人気となり、街頭テレビの中継映像に人々は熱狂した。テレビは戦後復興のシンボルとして、家庭へ浸透していった。

その後、近所でテレビのある家に見に行く、「近隣テレビ時代」といわれ、子供たちのヒーローになるテレビドラマ「月光仮面」が登場した。昭和34年（１９５９）には皇太子と美智子妃のロイヤルウエディングで白黒テレビの普及が一気に加速された。

白黒テレビは昭和29年（１９５４）から昭和33年（１９５８）までの5年間に生産数量は47倍に、冷蔵庫は24倍に、洗濯機は３・７倍と飛躍的に増産された。特に、白黒テレビの普及はめざましく、昭和37年（１９６２）には家庭への普及台数が１０００万台に達した。

３・４　電気掃除機の普及　団地族

昭和33年（１９５８）週刊朝日で団地族という命名が行われた。日本住宅公団が昭和30年（１９５５）に設立され、大都市周辺に鉄筋コンクリート造の集合住宅を供給した。ダイニングキッチンに椅子・テーブルなどが、当時の洋風化へのあこがれとともに受け入れられ、羨望を含めた呼び名として用いられた。

昭和33年ころ　公団住宅

団地族という言葉が生まれた

団地の住居形態の中でこれまでの日本になかったものにダイニングキッチンがある。日本の住居形態からいうと、台所と食事をする場所は別のものであった。椅子に腰を掛けて食事をする習慣は、団地の住居形態によって一般化した。

ダイニングキッチンができたことによって換気扇と電気掃除機が急速に普及する。換気扇は、開口部の少ない鉄筋コンクリート造りでは、台所の調理で出る煙を外に排出する、空気調整のために欠くことのできない製品であった。

電気掃除機は発売当初、「掃除は主婦の聖域であり、機械に肩代わりしてもらうとはもってのほか」という中高年主婦層の潜在意識によって普及は阻まれていた。しかし、住環境が変化するに従って急速な普及をみた。昭和30年代の中ごろから、日本住宅公団をはじめとする団地の建設が進み、2DKタイ

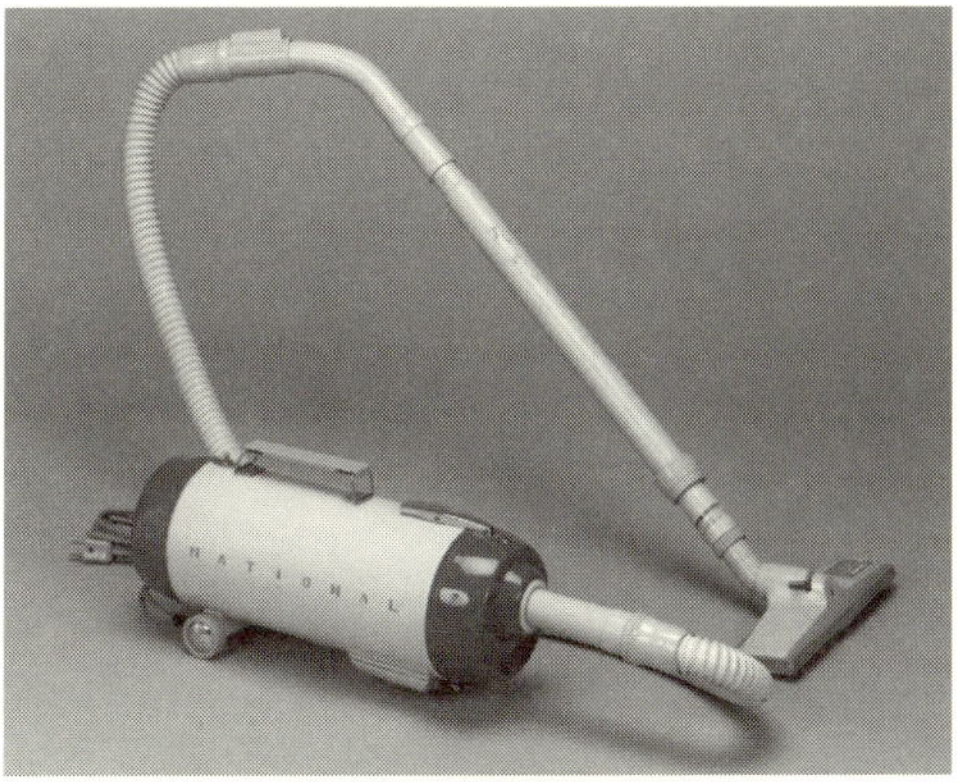

昭和33年　筒型掃除機

掃き出し口がない団地で重宝された（パナソニック(株) 提供）

プの生活が文化的なスタイルの典型としてもてはやされた。

それに呼応するように民間のマンション、アパートも洋風化されていった。それらの居住空間は従来の畳に代わって、じゅうたんや洋風家具の使用が増え、たいていの木造家屋にあった掃き出し口がないため、ほうきによる掃除が困難で、電気掃除機が必需品になった。窓が高いうえに掃きだし口がないため、電気掃除機を使うほかはなかったのである。

初期には、「掃除機なんて怠け者向きの機械だ」という中高年女性の抵抗があった電気掃除機だが、団地生活で必需品となり、生活の洋風化とともに普及した。

日本における電気掃除機の登場は以外に早い、最初の電気掃除機は昭和６年（１９３１）に製造された。

昭和40年　強力掃除機

国内初のプラスチックボディ
（パナソニック(株) 提供）

掃除という仕事は住居の構造によって変わってくる。日本の住居は木造、畳敷きであり、ゴミやチリをほうきで掃いて、室外に掃きだすか、まとめて塵取りにとって捨てるのが基本であった。その前作業にはたきかけがあり、後作業にぞうきんがけがあった。電気掃除機はゴミやチリを吸い取るものであり掃除の方式そのものが違う。それはじゅうたん敷きの床掃除を、電化するものとして誕生した。

早くから製造されたにもかかわらず、普及するのは意外に遅く、昭和35年（1960）でも普及率は10パーセント程度だった。その理由の一つが先に述べたように「怠け者向きの家電」という中高年女性のイメージがあり、すんなりと受け入れられなかったことである。ところが住宅公団による団地建設が進み、民間マンションの供給も増えてくると、普及が加速された。

普及率は昭和36年（1961）に20パーセント台にのり、昭和40年（1965）には41パーセントに達している。技術的な改良としては、吸い込み口を畳み用とじゅうたん用に切り替えられるようにした。昭和40年以降にはカセット式ゴミ袋も登場した。各電機メーカが吸い込み力（最大真空度）の強さを競い、テレビの宣伝でも１円玉を吸い込んでみせるものが評判になった。

３・５　ライフスタイルの変化と電気冷蔵庫

昭和30年代前半までは、冷蔵庫といえば木製の氷冷蔵庫が一般的だった。上下２段に分かれていて、上段に氷を入れ下段に冷やしたい食品を入れておく構造だった。頻繁に氷を補充する必要があり、長期保存は無理だった。

食品保存と製氷ができる電気冷蔵庫の出現は日本人のライフスタイルを大きく変え、今では冷えたビールを飲み

昭和 20 年代後半　木製冷蔵庫（田島製作所）
まだ氷を使った冷蔵庫が一般的だった
（(有)ガーデンハウス 提供）

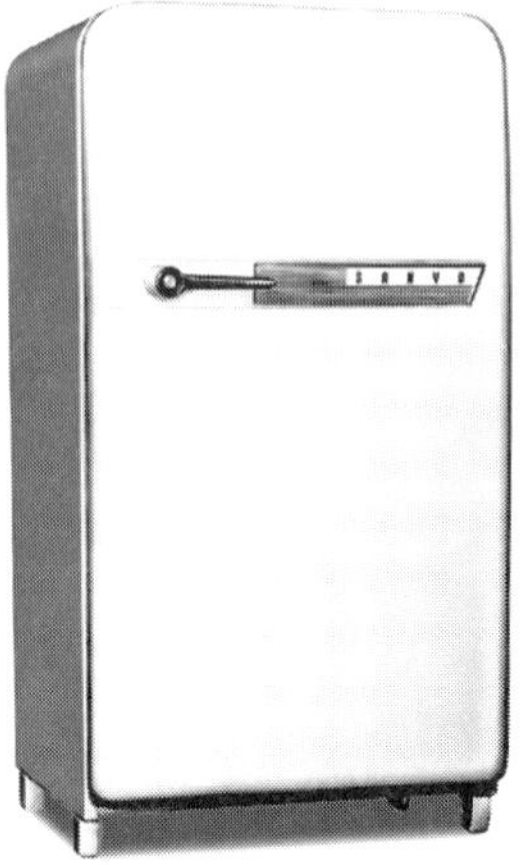

昭和32年　扉棚採用冷蔵庫
ドアの裏側に収納棚を設けた
（三洋電機（株）提供）

昭和28年　家庭用第1号冷蔵庫
まだ高嶺の花だった
（パナソニック（株）提供）

ながらナイター中継を楽しむ、そんな生活を可能にしたのが電気冷蔵庫である。

昭和35年（１９６０）ころから普及期に入った電気冷蔵庫は、昭和36年には生産台数が年間１００万台を超えた。その後、生産台数は急速に伸び、昭和38年には年間３１２万台のピークを迎える。

「技術的にもいろいろと改良されたが、なかにはまさに日本的といったような工夫があった。たとえば電気冷蔵庫の蒸発器に霜が付き、時々取り除く必要があった、はじめはそのたびに、コンセントからプラグを抜いて、霜が融けるのを待つしかなかった。しかも霜が多いときには、融けた水が受け皿から溢れて、床を濡らすこともあった。

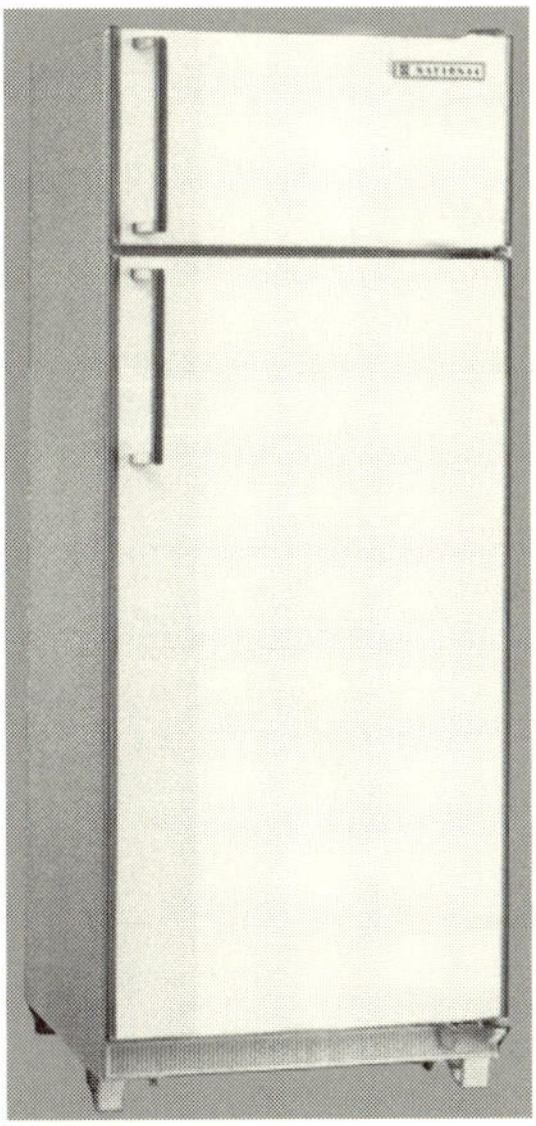

昭和37年　霜取り付き冷蔵庫
全自動霜取り装置が付いた
（パナソニック（株）提供）

昭和44年　2ドア冷蔵庫
冷凍庫がついた
（パナソニック（株）提供）

その後、霜取りスイッチを入れておくと霜取りが終わって自動的に冷却のスイッチが入るという、自動復帰装置ができた。融けた水も自動排水蒸発装置がついたことで心配しなくていいようになった。

日本的な工夫の代表例がバター入れだった。朝食にトーストを食べる人が増えて、冷蔵庫から出したばかりのバターやマーガリンが硬くて塗りにくいという苦情があった。そこでメーカはドアポケットのバター入れに、弱いヒーターをつけて対応した。」（『家電製品にみる暮

らしの戦後史』142頁　久保允誉）

フリーザ付きの冷蔵庫が発売されたのは昭和37年（1962）である。しかし冷凍食品の時代の条件にこたえる本格的な冷凍冷蔵庫の出現は昭和44年の2ドア式の登場を待たなくてはならなかった。

アメリカの習慣のように1週間分の冷凍食品や肉魚を買ってくる。買い物は一度で済み冷凍食品を活用すれば調理の手間も最小限で済み、そこから生じた余暇を主婦自身のために使う。だが、現実は理想通りにはいかない。冷凍食品の種類も少なく、割高なものばかりであった。

1週間分のまとめ買いも日本の主婦はやろうとしない。新鮮な山の幸、海の幸を家族に食べさせようとする日本人の習慣は簡単には変えられない。相変わらず毎日買い物に出かける。しかし冷凍食品というソフトウエアの出現によってライフスタイルが大きく変わる。日本の主婦にとって冷凍冷蔵庫の登場は食事の準備をするために、毎日買い物に行くという習慣から食材をまとめ買いで計画的な消費へ、と大きな変化のきっかけになった。

「食品の流通面でも大きな変化が起きた。牛乳の流通は1合（180cc）ビンによる宅配が基本だったが、次第に1リットル紙容器による店売りに変わってきた。

その傾向をさらに押し進めたのが、冷凍冷蔵庫の普及である。冷蔵室と冷凍室を分けるようになって2ドア式といわれた。流通面でも、素材や加工食材を冷凍した状態のまま貯蔵、輸送、販売する、コールドチェーン方式が時代の先端を行くものとして重視され全国に広がった。

また、冷凍能力が高まったことからホームフリージング（家庭で調理した食品を冷凍保存する）が流行し、主婦にとってはまとめて調理→計画消費というライフスタイルも可能になった。」（『家電製品にみる暮らしの戦後史』１４３頁　久保允誉）

このように冷凍冷蔵庫の普及と冷凍食品の出現は日本の家庭のライフスタイルを大きく変えたといわれる。

第4章　白物家電から3Cへ

（昭和40年～49／1965～1974）

昭和39年（1964）は戦後日本にとってもっともエポックメイキングな年であった。オリンピック景気に沸く日本は高度経済成長の階段を息もつかずに一気に駆け上っていった。平均収入は急激な右肩上がりのカーブを描き、人々は「豊かさの時代」を謳歌していた。豊かさの象徴と呼ばれたのが、次々と登場する新しい家電製品である。

三種の神器といわれた、白黒テレビ、電気洗濯機、電気冷蔵庫に始まり、昭和35年ころにはカラーテレビ、クーラー、ステレオが登場しさらには、ラジオにFMが加わり、洗濯機は脱水装置付き、冷蔵庫は冷凍庫付きと、新たな技術開発が日進月歩で進んだ。

「家電製品を一つ買い揃えるごとに生活レベルがひとランク上がると誰もが信じ、事実、新

昭和39年　東京オリンピック　日本代表選手団

94カ国5500名の代表選手を集めた（フォート・キシモト 提供）

製品は爆発的に売れた。昭和32年（１９５７）にわずか、７・９パーセントだった白黒テレビの普及率は皇太子ご成婚のおかげもあって、昭和39年には５１５万台を生産し90パーセントを超えた。まさに家電の時代である。」（『プロジェクトX 第8巻』 NHK「プロジェクトX」製作班編）

その後、これまでの三種の神器に代わって登場した、カー（自動車）、クーラー（ルームクーラー）、カラーテレビは、その頭文字をとって３Cと呼ばれ、昭和42年（１９６７）以降、第２次耐久消費財ブームとなり、３C製品は高度成長時代の庶民の夢と目標となった。

特にカラーテレビに代表される家電製品の技術的な進歩はめざましく、これまでの外国技術への依存から、自前の技術へと脱却していった。

昭和40年代の家電製品の発展の要因をみてみる

昭和40年代前半　3C（カー、カラーテレビ、クーラー）
憧れの耐久消費財

と、次のようなことがいえる。

　第一に積極的な技術導入、技術革新をはかったことによる生産能力の飛躍的な拡充にあったといえる。テレビの生産開始時のブラウン管生産技術の導入、その後のトランジスタ、ＩＣなどの技術導入に典型的に見られるが、国内での改良が加えられることで、急速に技術的能力を高めていった。

　第二に新製品開発力の向上と機能の複合化による商品力が強化したことである。噴流式洗濯機、白黒テレビ、カラーテレビ、冷凍冷蔵庫、オーディオ機器、ＶＴＲなどの新製品が、次々と投入されていった。さらに、市場へ投入後も、省エネルギー化などの機能の高度化、あるいはラジカセのような機能の複合化といったことが進められたことで、商品力が強化されていった。

第三に量産技術、量販体制、高い品質管理体制などの確立によって、高品質、低価格の商品が提供されたことにより消費意欲を刺激したことである。また、テレビ、オーディオ機器の輸出が拡大した。これは国内市場の成長拡大の中で急速に確立された量産体制が生んだ、品質の高位安定と価格の合理化によってもたらされたものである。

4・1　主役に躍り出たカラーテレビ

昭和40年（1965）に入り、家電製品の主役はカラーテレビに移った。

カラーテレビの生産が、白黒テレビのそれを追い抜いたのは昭和43年（1968）であった。カラーテレビが発売された当時、町の電気屋さんでは、一般の家庭に数日間カラーテレビを貸し出すサービスが行われたところもあった。

昭和44年（1969）には生産台数が世界第1位となり、昭和45年の生産台数は640万台と、昭和40年の65倍以上に増加した。テレビ普及の要因としては、国民生活の向上や、テレビの低価格化・小型化によるところが大きいが、生活様式の変化や、テレビの役割が多様化してきたことも見逃せない。テレビは娯楽主体のものから、情報生活のためのツールとして重要度を増してきたのであった。

このカラーテレビの人気が急激な上昇をしたのとは対照的に、それまで娯楽の中心的な存在だった映画の人気が急激に落ち込み始め、映画入場者の数が、ピーク時の三分の一になったともいわれている。

カラーテレビの普及の速さは、技術的な進歩による量産化、低価格化によるところが大きい。

ここで注目すべき技術は、カラーテレビのＩＣ化である。日本メーカのＩＣの採用は米国メーカよりも早く、昭和46年（１９７１）にはＩＣ化率が50パーセントを超えるテレビが市場に投入された。トランジスタやＩＣの採用は、製品技術や製造技術に重要な影響を与え、米国との間に生産性格差をもたらした。製品化技術面ではＩＣ化によって部品点数の大幅な削減、部品機能の複合化、機構部品の簡素化などが進んだ。製造技術面では数値制御（ＮＣ）の自動機の導

昭和35年　17型カラーテレビ
国産初の量産品
（東芝科学館 提供）

昭和46年　オールトランジスタ化カラーテレビ

省電力で安定した画像が特徴

（東芝科学館 提供）

入が進んだ。

カラーテレビへのＩＣ導入も、昭和44年（１９６９）自動調整（ＡＦＴ）回路からスタートした。続いて音声回路用や色信号復調回路用ＩＣの開発など、テレビのＩＣ化が積極的に進んだ。そして昭和46年、一挙に11個のＩＣを採用した世界初の大幅ＩＣ化カラーテレビが発売された。

ＩＣ化とは全ての部品がＩＣということではなく、ＩＣとトランジスタが混在しているという意味である。

ＩＣ化による特長は、従来の個別部品から得ることができなかった高度の性能を持つ回路をテレビに採用でき、また回路部品を大幅に削減、はんだ箇所も激減し信頼性が向上したことである。回路スペースが縮小され、プリント基板は回路機能別にモジュール化し、コネクタで着脱可能になっている。また、シャーシのコンパクト化によりキャビネットの奥行きが縮小され、テレビ各機種間での回路の標準化と手作業組立てが少なくなり、製造工程の省力化が可能となった。

エレクトロニクスの最新技術を取り入れて完成したＩＣ化カラーテレビは故障が少なく、消費電力がわずかで、安定した画面が見られるなど、すべての点でいままでにないレベルの高い品質を実現した。

4・2　猛烈時代を支えた電子レンジ

電子レンジはお弁当や冷凍食品の調理、料理の温め直しなどに重宝する調理器具で、現在では生活必需品といってもよい存在である。

電子レンジが日本に登場したのは、昭和36年（１９６１）のことである。前年の大阪国際見本市でデモンストレーションした。そして次の年、市場に出したのである。昭和37年には、国鉄（現・ＪＲグループ）の食堂車で使われ、昭和39年の東京オリンピックにあわせて開業した東海道新幹線にも採用された。当初は、レストランなど業務用であり、一般家庭用はまだ先の話である。

一般家庭用のものが市販されたのは、昭和41年（１９６６）で、その後、盛んにいわれ始めた「単身赴任」（昭和40年代後半）と、電子レンジの急激な普及が重なっている点も見逃せない。

昭和 36 年　業務用電子レンジ

東海道新幹線にも採用された

（東芝科学館 提供）

また、核家族化が進んでいた時期でもあり、カギっこ、お年寄りだけの世帯でも、火を使わないため安心して使えることが受け入れられた。

ボタン一つの手間で料理を温めることができる便利さは、多くの家庭にとって抗いがたい魅力に映った。高度経済成長で暮らしが豊かになる半面、猛烈時代といわれ、父親が夜遅く帰ってきて、1人で食事をするように、家族が揃って食事する一家団らんの風景が過去のものとなっていった。簡単に料理を温められる手段として、電子レンジへのニーズが着実に増大していった。

冷凍食品の普及と品質向上、冷凍食品を保存できる冷凍庫付きの冷蔵庫の普及が重なったことも幸いした。そしてさらには電子レンジで調理することを前提とした半調理済み食品までが販売されるようになったのである。電子レンジの加熱の特性を活かした料理へと目が向けられることになった。そのなかでもっとも早く広まったのは、冷凍食品の解凍とレトルト食品の加

昭和44年　家庭用電子レンジ
ホームクッキングの味方
（東芝科学館 提供）

昭和41年　家庭用電子レンジ
世界初のターンテーブル方式
（シャープ(株) 提供）

熱であった。冷凍食品もレトルト食品も、アメリカでは戦前から存在していたが、電子レンジは、これらに対して、圧倒的な時間の短縮を実現したのである。

その後、いろいろな改善が加えられ、昭和52年（1977）ころには、オーブン機能を備えた、焦げ目の付けられる電子レンジが登場した。オーブン単品は日本では家庭にあまり普及しなかったが、電子レンジとセットになったことにより普及に弾みをつけ、家庭で作れる料理の幅が広がった。また、冷凍食品の種類も一段と多くなった。

今では台所の必需品となった電子レンジであるが、当初は消費者からすんなりと受け入れられたわけではなかった。「冷めた料理を温める程度の役にしか立たない調理器」に、なぜ高い金を出して購入する必要があるのかといわれ、消費者にはまったく

昭和52年　オーブンレンジ

国産初のオーブンと一体化したレンジ

（三菱電機(株) 提供）

理解されなかったからである。

オーブンは、内部に設置されたヒーターがオーブン内の空気を加熱し、食べ物を周りから温めていく。一方、電子レンジは、小さな箱の内部で、マイクロ波と呼ばれる電波が食材に当てられる。このマイクロ波は、1秒間に24億5千回も振動をしている電波である。

マイクロ波が食品のなかに含まれている水分に当たると、水の分子が激しく振動する。振動することで分子同士がぶつかり、こすれあうことで、摩擦熱が生まれる。これにより、食品が熱くなっていく。食品の水分が熱くなることで、食品自体が熱いと感じられるようになる。

ガスコンロやオーブンの場合、外側からの加熱によって熱くなるが、電子レンジの場合マイクロ波が食べ物の内部を通過しながら水分を熱していくので、短時間に食品を熱くすることが可能になる。

初めて業務用電子レンジが登場したのが昭和36年、日々便利な機能が進化している。昭和37

年、業務用として発売された電子レンジは54万円（当時自動車が50万円、大卒初任給は1万7千円）だったが、家庭用として8万円という手の届く価格になったのはその6年後のことであった。昭和57年（１９８２）にはマグネットターン式の電子レンジが登場。以後、「オーブン機能搭載モデル」や「ベーカリー機能付きレンジ」、「火加減・加熱時間の調整機能」など、年を追うごとに機能を追加していく。

最近のオーブンレンジでは、「水で焼く」をうたい文句に、水から約３００度の過熱水蒸気を生成し、食品に噴射することで、脂や塩分をすばやく溶かして落として焼き上げ、揚げ物などの脂を減らす「ローカロリー調理」、塩鮭などの塩分を減らす「減塩調理」を可能にし、健康志向のニーズに応えた製品も出現している。

４・３　オイルショックと省エネ家電

昭和48年（１９７３）第４次中東戦争が勃発した。これをうけて石油輸出国機構（ＯＰＥＣ）に加盟のペルシャ湾岸産油国は原油価格の引き上げと生産の削減を決定した。

安い原油価格をもとにエネルギー多消費型経済を築いてきた日本は、マイナス成長に陥るなど戦後最大の窮地に立たされた。第１次オイルショック（石油危機）である。

昭和48年　オイルショックによる買占め

トイレットペーパ、洗剤、砂糖などが不足した

生活面ではトイレットペーパ、洗剤、砂糖の買占めによる物不足がパニック状態をよび、物価の全面的な上昇が起こった。

また、企業や家庭においても徹底した省エネ努力がとられた。企業においては昼休みのこまめな消灯、ネオン広告の自粛、製造業、サービス業から一般家庭まで冷房温度の引き上げなど、懸命にエネルギー消費を減らしたのはもちろんだが、エネルギー効率の高い機器の開発が日本の輸出を拡大し、産業を立ち直らせた。

オイルショックに伴う国家的な省資源、省エネの要請に応え、技術革新が進められた結果、省エネ型の家電製品が多く生まれた。冷蔵効率の良い冷蔵庫、節電型蛍光灯、低消費電力のテレビ、稼働電力の少ないエアコンなどが開発された。

特にエアコンは昭和52年に世界初となるＩＣ制御で、冷風・送風、風量の強弱選択や設定温度、お休み回路のコースをあらかじめセットしておけば毎日の操作はスイッチを入れるだけで済むような機能を持った製品が日立製作所（家電部門は現在、日立アプライアンス）から発売された。昭和53年には、風量や温度が自動でコントロールできる、マイクロコンピュータ搭載のエアコンが市場に投入され、電子制御技術の開発が白熱し、細かなコントロールができるようになった。昭和57年には東芝からインバータエアコンが発売された。冷暖房能力を無段階でコントロールでき、省エネ・省電力で大きなパワーが出せるようになった。インバータ技術はその後、エアコン開発の基盤を支える、重要な技術となっていく。今日省エネ家電がひとつのセールスポイントになっているが、省エネ技術の基礎がこの時代に確立されたと言ってよい。

20型カラーテレビは昭和51年（１９７６）には、昭和48年製に対して32パーセント減のエネルギー消費となった。このため、電子部品のＩＣ化もさらに積極化した。

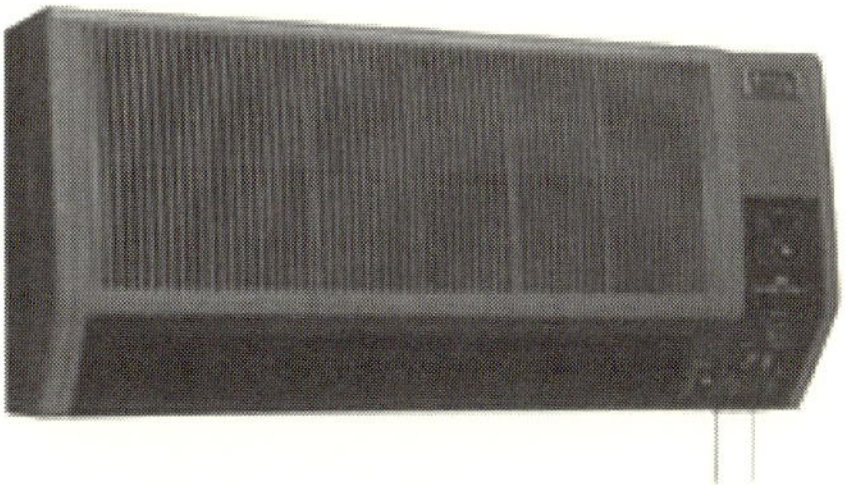

昭和52年　低消費電力のエアコン

世界初のIC制御（日立アプライアンス㈱提供）

「その代表的な技術として、電子式チューナの普及がある。電子式チューナは、故障が少ない、使いやすい、UHF放送と一体化して選局できるといった利点があることから、米国では昭和47年に登場し、昭和50年ころにはブームとなっていた。日本では昭和46年に三菱電機が発売していたものの、ICを多く使うためコスト高となるところから、当初は輸出用に採用されるにとどまっていた。それが、この時期、電卓、時計、テレビ、トランシーバなどにもIC、LSIが採用されるようになるとともに、量産技術が整い、コストダウンが進んだことによっ

昭和53年　マイコン制御エアコン

風量・温度を自動制御

（東芝キャリア(株) 提供）

昭和57年　インバータエアコン

冷暖房を無段階で制御できる

（東芝キャリア(株) 提供）

て、電子式チューナの採用が国内向け大型機、中型機、さらには小型機と広がっていった。」
（『家電』１６８頁　青山芳之）

企業努力の結果、家電産業は他産業よりも早く石油危機から立ち直るとともに、いっそう国際競争力を高めていった。逆境をテコにし企業体質をさらに強化していった、好例といえる。

その後、半導体の増産、コストダウンによって、マイクロコンピュータ（マイコン）が家電製品に次々に採用されていくようになる。

第5章　マイコン内蔵家電

（昭和50年～63／1975～1988）

日本の家電製品は昭和50年代には品質、価格などで圧倒的な競争力を持っていた。大量生産によるコスト削減、品質の向上、リードタイムの短縮等で製造業として量、質ともに世界最高水準の成果を上げた。

この年代に家電産業が圧倒的な強みを発揮した要因として次のことが挙げられる。

第一に完成品、最終製品をラインアップしていることである。例えば半導体について考えてみると、米国の半導体メーカはほとんど専業メーカである。それに対して日本の半導体メーカは最終製品である家電製品も生産している。半導体の用途はパソコンや産業用機器だけでなくテレビ、エアコンなどの家電製品にも多用されている。生産量の優位がコストを決定する半導体市場では、需要の大きさがコストの主導権を握る。最終製品で高いシェアを持つ強みはここから生まれる。最終製品のシェアと半導体、コンデンサ、抵抗、トランスなど電子部品の社内調達、という相乗効果を生み出す戦略が日本の家電企業にはとれたのである。

第二に家電産業に大量の技術者が存在したことである。家電製品の開発には膨大な技術者が必要である。特に基礎研究を担当する研究開発技術者よりも、製品開発技術者や生産現場の製造性、工程を検討する生産技術者が要る。戦後の日本は大量の技術者を養成する工学部の新設や、工業高校、工業高等専門学校などの新規開校が相次ぎ、産業界の技術者の採用要請に応えてきた。

第三に優秀な部品メーカが協力工場として存在したことである。家電製品は多くの部品から成り立っている。例えばＶＴＲについてみると約３千の部品から構成されている。この部品を供給しているのが中小企業群である。大手企業は、自社で基幹となる部品を開発し、製造するとともに、優秀な部品メーカを活用し最終製品の機能とデザインを決定し、生産工程を設計して部品を集積して組み立てる。

第四に品質が高く、なおかつ価格が安い製品の開発力があったことである。日本の消費者は世界一品質に厳しいといわれる。製品のキズ、色ムラ、塗装ハガレなどは許容されず、操作性、エネルギーコストは厳しく吟味される。品質に厳しく企業間の価格競争が激しい市場でもまれ、高品質で低価格の製品を生み出した。

第五に製品の品質向上の積み重ねである。日本の家電製品は、モデルチェンジや新しい機種を生み出し、そのあいだに細かい品質向上が積み重ねられてきた。その累積効果は長期的に大きなものとなって、日本の消費者の厳しい評価にも耐え、日本製品は独自の性能と品質を持つようになった。特に、マイコンを組み込んで、優れた性能を持つ製品を多く作りだした。

マイコンは昭和47年（１９７２）にテープデッキ、翌年にはレコードプレーヤー、カラーテレビなどにも内蔵された。

昭和 46 年　インテル 4004

４ビットマイコン　世界初の MPU

（電卓博物館 提供）

昭和 49 年　インテル 8080

８ビットマイコン　パソコンの発達に影響を及ぼす（電卓博物館 提供）

昭和 50 年　ザイログ Z80

８ビットマイコン　演算速度の速いのが特徴（電卓博物館 提供）

その後さらにマイコン導入は加速されエアコン、洗濯機、冷蔵庫にも及びメーカ各社は需要の喚起、販売とシェアの拡大に乗り出した。

電子レンジ、ガスレンジは昭和52年（１９７７）からマイコンが装備され、メニューによって調理方法が自動的にコントロールされている。

昭和53年（１９７８）にはルームエアコンにもマイコンが搭載され温度、風量、時間などが状況、好みに応じてプログラム制御されるようになった。

炊飯器は昭和54年にマイコン内蔵の製品が登場し、複雑な加熱プロセスが実現され、炊飯量に応じて火力を制御できるようになった。冷蔵庫にも昭和54年からマイコンが使われ、温度制御が行われている。

マイコンによって水流を自動制御する全自動洗濯機は昭和56年に登場した、その後、洗剤の自動投入、洗濯時間の自動選択、予約タイマーといった機能が加わった。さらに、洗濯物の量や汚れ具合を測り最適な洗濯時間を決定する、ファジー制御の洗濯機が登場した。

5・1　ついにできた仮名漢字変換、日本語ワープロ

今では当たり前のように使っている、パソコンや携帯電話の日本語での入力だが、この仮名

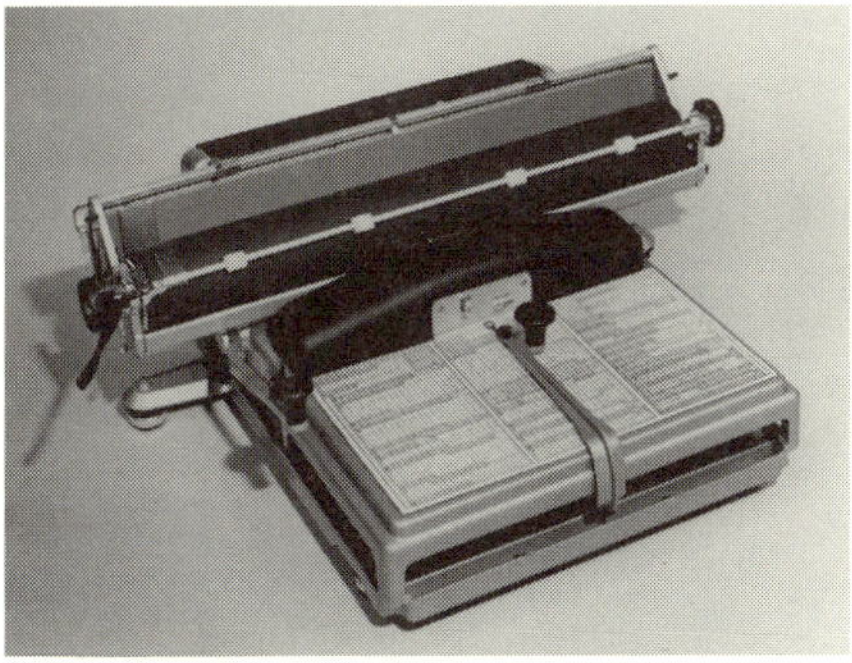

昭和 40 年ころ　和文タイプライター

一つひとつ活字を拾っていった

（キヤノンセミコンダクターエクィップメント（株）提供）

漢字変換の技術を築いたのは昭和53年（１９７８）に東芝で開発された、日本語ワープロ（ＪＷ－10）といえる。発売された当初の値段は６３０万円、仕事で使う機器としても、かなり高価なものだった。重さは２２０キロ、片袖机ほどの大きさの筐体にキーボード、ブラウン管、10ＭＢのハードディスク、８インチフロッピーディスクドライブ、プリンターが収められていた。重厚感がありさながら執務机の趣であった。

それ以前の昭和40年代まで日本のサラリーマンは自分で活字を操ることができなかった。頼っていたのは和文タイプライターを操作する専門の女性たちだ。

漢字は常用漢字に限っても１９４５字あり、人名漢字２８５字を合わせると２２３０字に及ぶ。漢字やひらがなが並ぶ文字盤の配列を記憶し、一つひとつ活字を拾っていく作業はまさに職人芸だった。誤字があればまたはじめからやり直し。

日本語は５万を超える漢字とひらがなと、カタカナとの複雑な組み合わせを持つ。文章作成の簡素化は不可能といわれ続けていた。

このワープロという機械を思いついたのは、東芝の技術者である。新聞の記者と話していて、「新聞記者が手で書くより早く記事が書けて、持って歩けるポータブルな機械で、出先から書いた記事を伝送できるようなものがあれば本当に便利なんだが」といわれたのがきっかけである。

東芝ワープロJW‐10はタイプライターに代わるものとして登場したが、文字の入力、削除、編集、置き換え、記憶ができるなど、事務処理を一気に効率的に変えた。とくに、一度作った文章を呼び出し、再利用できることが革新的であった。日本人の文章作成の方法を革命的に変えた、記念碑的な製品である。

その後のパソコン用ワープロソフトの台頭により、ワープロは職場での利用機会は減少するが、家庭でのプリンターはまだ、一般的でないこともあって、プリンターを装備しているワープロの家庭での利用が急速に広がった。

1980年代に入ると、オアシス（富士通）、文豪（NEC）、書院（シャープ）など一般向けのワープロが発売された。リボン式のプリンターが内蔵され、家庭でも印刷のような書類が作成できた。

パソコンも昭和60年代から、「一太郎」など一般向けの日本語ワープロのアプリケーション

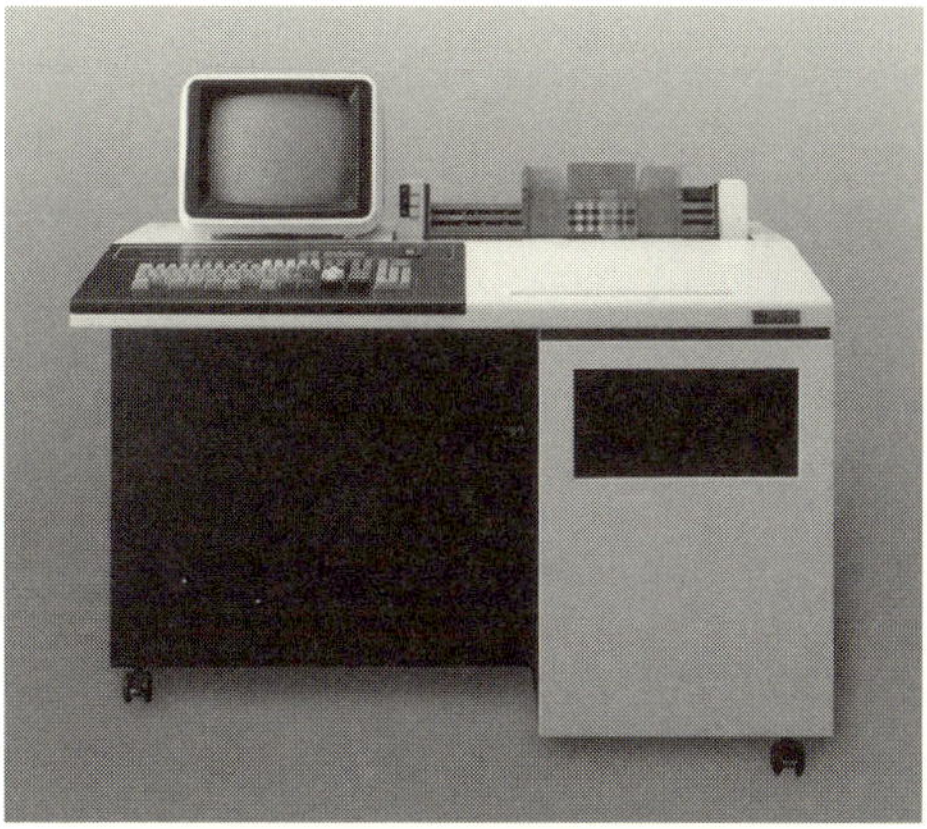

昭和53年　日本語ワープロ

仮名漢字変換技術の集大成（東芝科学館 提供）

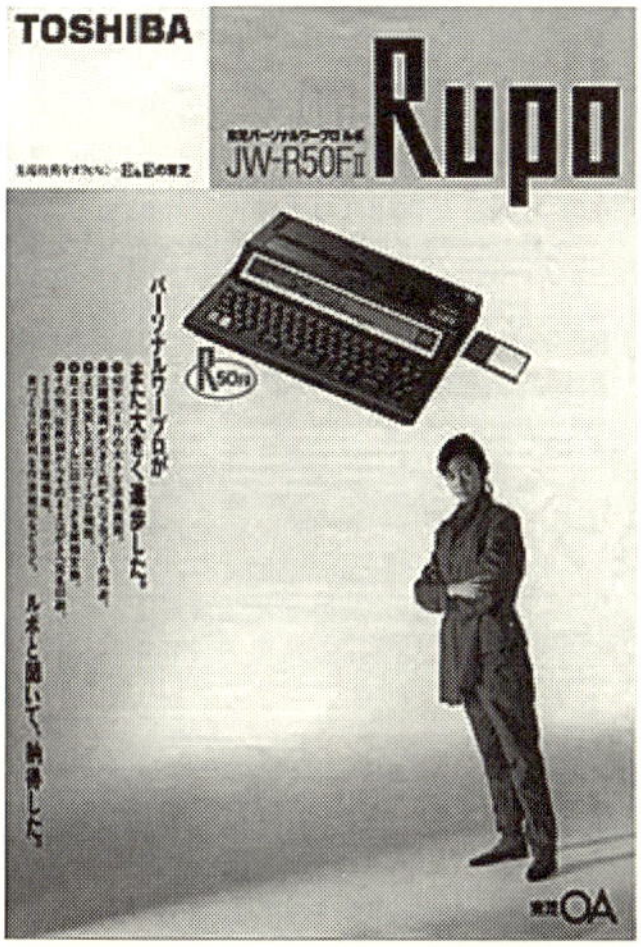

昭和60年　東芝ルポのカタログ

ワープロも小型化しＦＤＤ搭載（東芝科学館 提供）

が発売され、それまでのコンピュータ言語が理解していないと使えなかった機械から、一般にも使えるものになっていった。

ワープロは、家庭に入ってきた本格的な最初の事務機器だった。小型化し、電池で使えるポータブルタイプのものが発売され、スイッチを入れるとすぐに使えるなど、機械が苦手だという人にも簡単に使えるため、その後のパソコンブームの火付け役となった。

ワープロが一般に普及し始めた当時、パソコンは高価で購入できなくても、ワープロは何とか個人で購入できる価格であり、文章作成を自宅でもしたいという、一般家庭でも使われるようになった。ワープロは家庭でのパソコン普及のベースを作ったといえる。

その後、ネックになっていた異機種間のデータ互換性も高まり、カラープリンターを備えたものや、写真などのデータを処理できるもの、インターネットができるものなど、多機能な機器になっていった。

ワープロはオフィスだけではなく一般家庭にまで浸透したが、１９９０年代半ばになるとパソコンの低価格化が急速に始まったため、簡易操作性を惜しまれながらも２０００年以降すべて姿を消すことになる。国産初の日本語ワープロで培われた仮名漢字変換と編集の技術は、パソコン、携帯電話など、日本のあらゆるＩＴ分野の漢字入力手段として引き継がれ、発展を続けている。

５・２　世界のヒット商品ウォークマン

ヘッドホンステレオの代名詞となる「ウォークマン」（ソニーの登録商標）。個人で音楽を楽しむ文化を創造した「ウォークマン」はいつでも、どこでも、手軽に音楽を屋外へ持ち出して楽しむという文化を創り上げた。

昭和54年（１９７９）ソニーから発売されたカセットタイプのヘッドホンステレオ、「ウォークマン」はこれまでの、音楽は家庭内のステレオシステム、もしくはカーオーディオで楽しむものという概念を打ち破った製品である。

屋外でもパーソナルに音楽を楽しめるものとして、ウォークマンの開発がスタートされた。

ウォークマンは、従来のカセットレコーダーから録音機能とスピーカーを取り除き、代わりにステレオ回路とステレオヘッドホン端子を搭載するといった、既存技術を応用して新しい用途を創造する商品

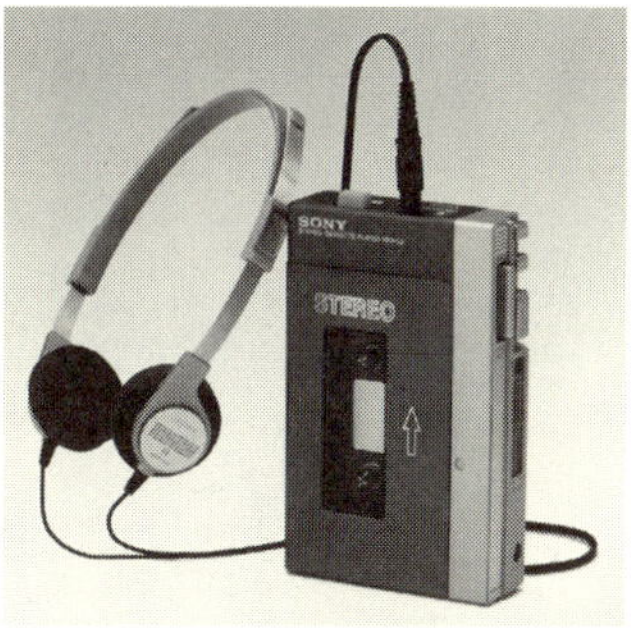

昭和54年　ソニーウォークマン

若者の間で爆発的な人気商品となった
（ソニー(株) 提供）

昭和56年　二代目ウォークマン

操作ボタンを斜めに配置した斬新なデザイン（ソニー(株) 提供）

昭和59年　CDウォークマン

CDも屋外に持ち出した（ソニー(株) 提供）

平成4年　MDウォークマン

パソコンから取り込んだ音楽も再生（ソニー(株) 提供）

開発から生まれたものであった。開発当初は、録音機能なしではユーザーに受け入れられない、スピーカーの無いプレーヤーは絶対に売れないなどの、社内外で懐疑的な意見が多くあった。発売から2カ月たったころ、価格が3万3千円と若者にとってはけっして安くない値段にもかかわらず、それまでの不安を払拭するかのように、ウォークマンは爆発的な人気を博し、品切れ状態になった。当時の人気芸能人がウォークマンを付けて雑誌などに登場したことも追い風となり、ウォークマンのいつでもどこでも手軽に音楽を楽しむコンセプトに加え、そのファッション性は若者を中心とするユーザー層の絶大な支持を受け、〝ウォークマン文化〟なる社会現象を起こすまでになった。

録音機能なしでは売れないとの社内外の声に反して大ヒットとなり、世界的なヒット商品として新たなライフスタイルを創造した。

その後、カセットタイプのヘッドホンステレオはポータブルCDプレーヤー、ポータブルMDプレーヤーなどに発展していき、ポータブルオーディオ産業に大きな影響を与えた。

5・3　世界市場を制覇したVTR

昭和56年（1981）VTRの生産額は1兆円を超え、昭和43年から12年間家電製品の主役の座を占めていたカラーテレビから、その座を奪った。その後、平成3年（1991）にパソコンにその座を明け渡すまで、10年間にわたり生産額トップの家電製品となった。

VTRは昭和28年（1953）、米国のRCA社が試作機を開発した。東と西では三時間も時差がある広大なアメリカで、テレビ放送の時差対策として開発が始まった。テレビを商品化したRCA社が開発に力をいれ、直径が1メートルほどもある巨大なリールにテープを巻いたものであった。しかも録画時間はわずか4分間で、試作機は実用にはほど遠いものであった。

昭和31年に同じく米国のアンペックス社が回転式磁気ヘッドを用い、2インチテープを使用す

昭和 50 年　ベータ方式 VTR

家庭用ビデオ第 1 号機（ソニー(株) 提供）

るものを開発し、放送局で使われるようになった。このアンペックス社の放送局用ＶＴＲが、昭和33年になって、日本に輸入され始め、やがて、国産されるようになった。

今では家庭用ＶＴＲといえば、ＶＨＳ（ビデオホームシステム）方式のことを指すが、実は家庭用ＶＴＲで先行したのは、昭和50年5月の、ソニーのベータマックスの発売に始まる。その後、昭和51年10月には、日本ビクターから、ＶＨＳ方式が市場投入され、わが国は世界に先駆けて、家庭用ＶＴＲの商品化に成功したのである。

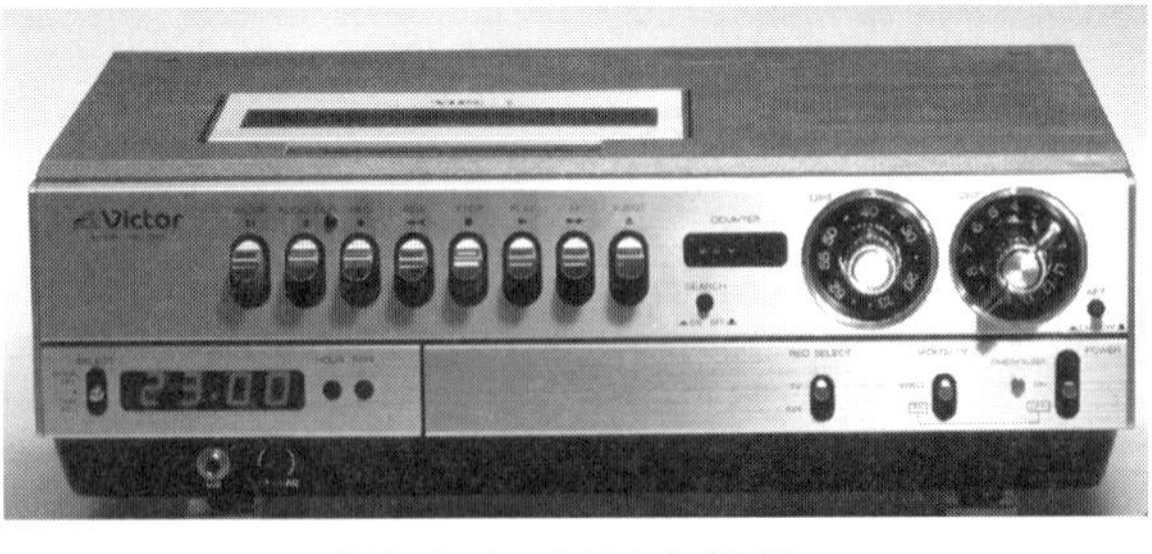

昭和 51 年　VHS 方式 VTR

VHS 方式の第 1 号機その後世界標準となる（日本ビクター(株) 提供）

その後、ベータマックスには、開発メーカであるソニーの他、東芝、三洋電機、新日本電気（現・NECホームエレクトロニクス）、アイワ、パイオニアが、VHSには、開発メーカである日本ビクターの他、松下電器（パナソニック）、日立製作所、三菱電機、シャープ、赤井電機と、家電業界を二分する構図ができ上がった。2グループが競う形で、市場が開拓されていった。しかし、昭和63年7月、ソニーがVHS方式を発売するにいたり、10年以上も続いた規格争いに決着をつけ、実質的にVHSに1本化された。

VHS方式が規格争いを制した要因の一つとしては、記録時間を当初から2時間に設定したことである。映画番組の録画には2時間は必要ということだった。VHS陣営が、共同で規格の充実を図る体制を確立したことで多数ファミリーを形成できたこと、OEM供給（Original Equipment Manufacturing, 相手先ブランドの製品供給）を積極的に行い、RCA社、GE社など米国市場でのOEM供給先を獲得することに成功した。また、互換性のある生産方式を開発するといったことでファミリーの拡大に努めていったこと、映像ソフトメーカがVHSでしか商品を発売しなくなり、レンタルビデオ店でもVHSのみとなったため、VHSへの傾向に拍車をかけたこと、などが挙げられる。

VHS方式には各社の技術が総動員され、新しい機能が追加された。テープを前から装填するフロントローディングの技術はシャープが、映像を早送りできる機能は三菱電機が提供し

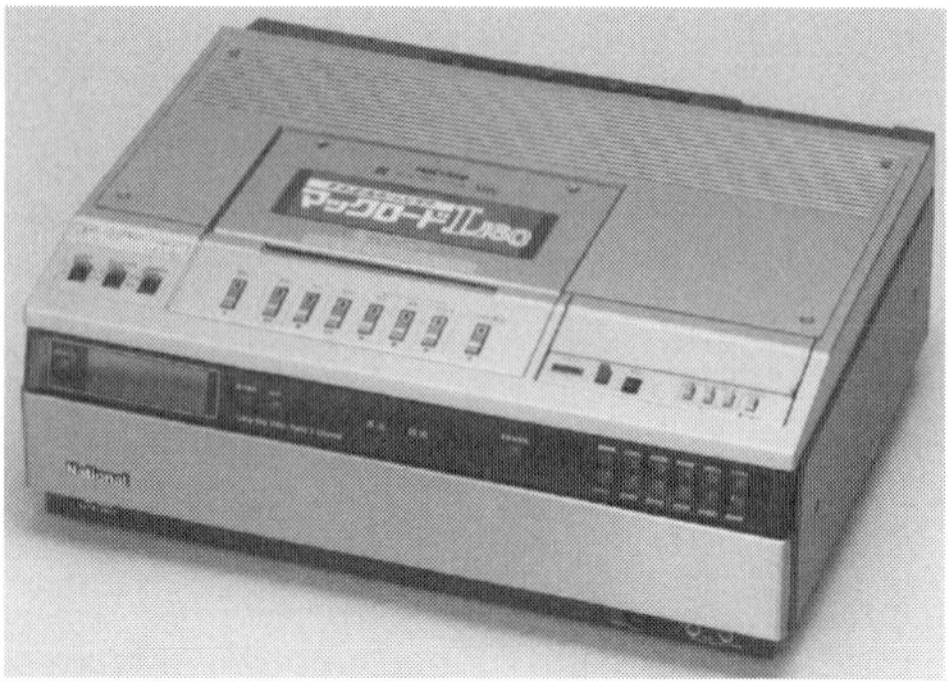

昭和54年　マックロード

3倍モードの録画機能（パナソニック(株) 提供）

た。また、日立は小型化を進めるＩＣ技術、松下電器（パナソニック）はオーディオＨｉＦｉの技術を提供した。さらに、ＶＴＲの内部には数多くのメーカの技術が結集された。その総合力が、ＶＨＳの完成度を飛躍的に高めていった。ＶＨＳのハードの普及台数は全世界で約９億台以上、テープに至っては推定３００億巻以上といわれている。

　家庭用録画機器として全世界の家庭に普及したＶＴＲ。この家庭用ＶＴＲこそが「電子立国日本」を見せつけた製品であり、次世代の「ＤＶＤレコーダー」へと受け継がれてゆく。

　ＶＴＲは技術的にも「電子立国日本」を育て上げたさまざまな技術を生み出した。画像処理技術、メタルテープなど磁気記録技術、また小型・軽量化を実現するための高密度実装技術などが代表的なものである。

　またＶＴＲは高度なメカ機構の制御を必要とし，その制御にマイコンが重要な役割を果たした。例えばオートローディングやフェザータッチ・スイッチなどの制御が挙げられる。これらの制御を実行するのに適切な機能を搭載するように、シングルチップのマイコンが採用された。

ＶＴＲは経営工学的にも新しい手法を採用していった。（1）コンカレント・エンジニアリングといわれる手法を採用し、製品設計と生産技術、生産現場の相互の連帯が緊密であり、生産技術陣においても製品開発の初期段階から参画し、設計、製造、品質管理、資材などの各部門と連帯をとりながら同時並行で各担当の開発を進め、短納期開発を達成したこと、（2）製造現場で工程改善、不良低減、コストダウンを目指したＱＣ活動（Quality Control, 品質向上活動）が行われたこと、（3）ＶＥ（バリューエンジニアリング）の手法を用いて製品、原材料費のコストダウンが進められたことが挙げられる。

5・4　家族だんらんの時間を　食器洗い乾燥機

食器洗い乾燥機はこれから欲しい家電製品の常にナンバーワンに上がるという。

平成13年（２００１）の3月に、食器洗い乾燥機の普及率が10パーセントを超えた。国産１号の発売から41年間、洗濯機がわずか6年6カ月で10パーセントに達したのに比べて、6倍もの歳月を要して、日本の家庭に認められる家電製品になった。

平成15年（2003）には年間100万台と驚異的な売れ行きに生ごみ処理機、IHクッキングヒーターを合わせて「キッチン三種の神器」といわれる。平成の花形商品である。

平成19年（2007）8月の「価格ＣＯＭ」の調査でも「購入して生活に大きな変化があった製品」で食器洗い乾燥機がトップだった。食後の後片付け時間が短縮され、家族のだんらんの時間が増えた、手荒れがなくなった、などが主な理由である。

食器洗い乾燥機が初めて世に出たのは、明治26年（1893）シカゴで開催された世界コロンビア博覧会に出品されたものだった。

反響を呼んだのは地元のホテルやレストランなど業務関係で、一般の主婦層は興味を示さなかった。もともと北米白人社会は清教徒の伝統を背景にしており、勤勉と倹約を尊ぶ倫理観が根強い。したがって食後の後片付けの家事が楽になる、という利便性には憧れるものの、同時にどこかで、家事に手を抜いていいのかという、うしろめたさのようなものも抱くのだった。食器洗い乾燥機の普及という点では、主婦の潜在意識の方が問題であった。初期の日本における洗濯機の購入に際して主婦が持っていた心理的抵抗感に共通するものであった。

その後、米国のGE社が世界初の食器洗い乾燥機を、明治42年（1909）に「電気皿洗い機」という名称で販売し、一般家庭に普及していった。

こうした米国の普及は日本にも伝わった。昭和35年（1960）に松下電器が初の国産食器洗い乾燥機を開発、販売した。しかし洗濯機のようには売れなかった。米国の製品を真似して作った初の国産品は本格的な床置きタイプで、ヒーターによる湯沸かしと乾燥など現在の食器洗い乾燥機の基本構造を作った商品であったが、大きさは縦横45センチ、高さ80センチ、とても日本の狭い台所に入るような寸法ではなかった。しかも、使う水の量は100リットル、風呂桶半分にもなった。

食事の後片付けの電化を図った食器洗い乾燥機だったが、当初の製品はあまり普及しなかった。

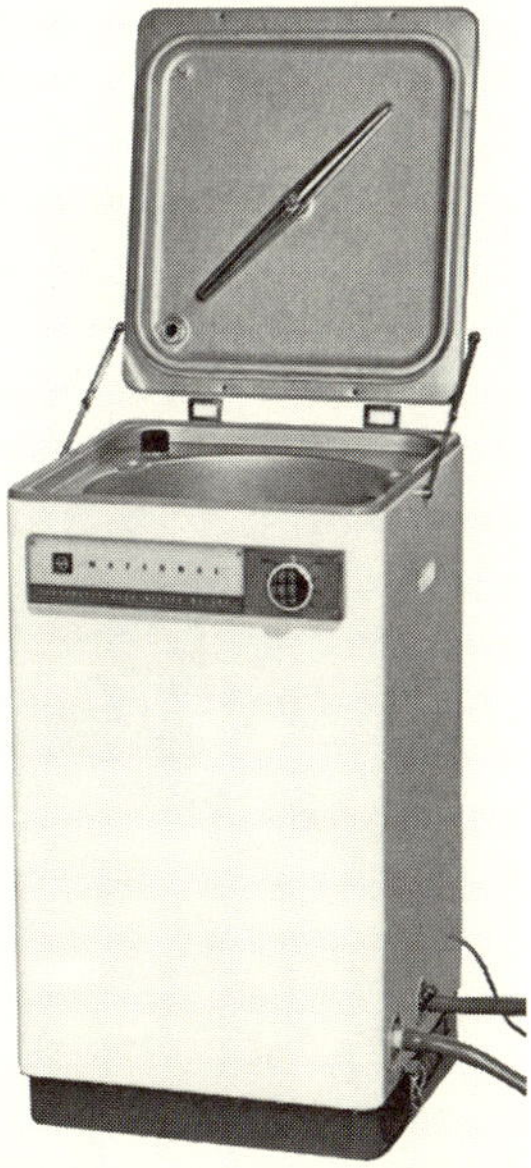

昭和35年　据え置き食器洗い機

食器洗い機の原点　あまり普及しなかった（パナソニック(株) 提供）

欧米の食器は皿が主体だが、日本ではさまざまな形の食器があり、お椀のように深いものが洗いにくかったこと。とくにこびりついたメシ粒などは取れにくかった。平たい皿の汚れは落ちるが、茶碗や湯のみなどの深い食器はきれいにならなかった。大きな図体は日本の狭い台

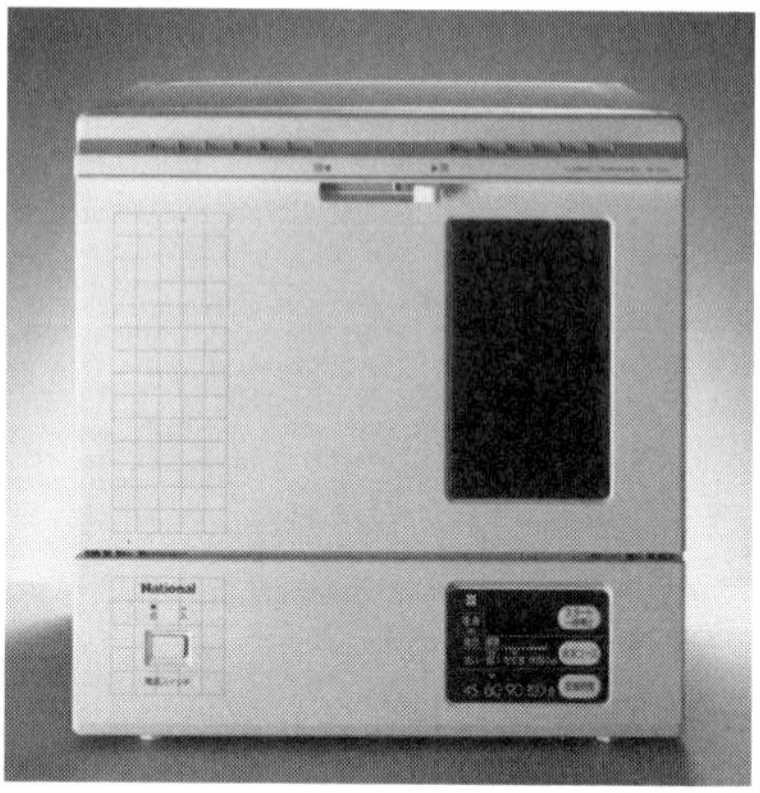

昭和61年　家庭用食器洗い乾燥機

最初の普及型食器洗い乾燥機
（パナソニック(株) 提供）

所には入らない。しかも汚れは完全に落ちず、大量の水も使った。そのためほとんど定着はしなかった。

流し台の上に置ける、卓上型の食器洗い機が発売されたのは、松下電器（パナソニック）から、昭和61年（1986）のことである。

食器洗い機を普及させるには、まず一般家庭に設置場所を確保すること。贅沢品というイメージを払拭することが必要だった。そこで、流し台の上における幅45センチ、奥行50センチで、4人用。しかもお手ごろ価格の7万7千円をコンセプトに開発された。

「食べるのはみんな。洗うのはひとり?」

このキャッチコピーも主婦から支持された。家族みんなで楽しく会話しながら食事をし、食べ終わったあとは、主婦が1人で片付けをし、皿洗いをしていた。食後の皿洗いは食器洗い乾燥機に任せて、家族だんらんの時間を増やそうとの意図も共感を得た。

その後、家電メーカ各社から競うように食器洗い乾燥機が発売された。当初は、水の使用量を錯覚し、水道代や電気代がかかりそう、水が循環する音がうるさいだろう、本当に汚れが落ちるのか、などの声が強かった。しかし、実際は本体内に貯めた水を循環させて洗浄やすすぎに使うため、手洗いの場合の数分の１の水量しか使わない。また、通常の手洗いでは扱えないほど高温である、70度から85度のお湯を使うことにより、汚れを効果的に落とすとともに、水道では出せない高圧水流で手洗い以上にしっかりと汚れを落とすことができる。また、高温洗浄・高温乾燥は食器の殺菌効果が非常に高く、幼児がいる家庭で需要が高かった。

日本の住宅事情に適応したコンパクトなサイズ、優れた省エネ性、騒音の小ささなど、製品に改良が加えられていき、また、１９８０年代における女性の社会進出が家事負担の軽減といったニーズを生み出し、食器洗い乾燥機は日本の家庭へ普及していった。

昭和61年　食器洗い乾燥機の広告

多くの主婦が共感した（パナソニック(株)提供）

平成 17 年　食器洗い乾燥機
汚れを検知する光洗浄センサ
（三洋電機(株) 提供）

平成 18 年　食器洗い乾燥機
除菌ミストで汚れを落とす
（パナソニック(株) 提供）

平成 18 年　食器洗い乾燥機
スチームエンジン搭載（東芝
ホームアプライアンス(株) 提供）

第6章　ユニーク家電、昭和から平成へ

（平成1年〜21年／1989〜2009）

昭和50年代後半には品質、価格などで圧倒的な競争力を持っていた日本の家電産業だが、平成に入ると、状況が一変した。

平成に入ってカラーテレビの国内生産は大幅に縮小し、海外生産工場からの輸入依存度が高まった。昭和60年（1985）のプラザ合意以降、家電企業の海外投資は大きく伸びた。図6・1に示すように、昭和54〜58年の5年間に海外に進出した企業数は73社であったが、昭和59〜63年の5年間では203社と大幅に増加している。円高の進展とともに、多くの企業が海外に生産工場を作り、輸出から現地生産に切り替えた。

組み立て段階では、人件費の安い現地で生産する方が日本国内で生産して運ぶより有利であ

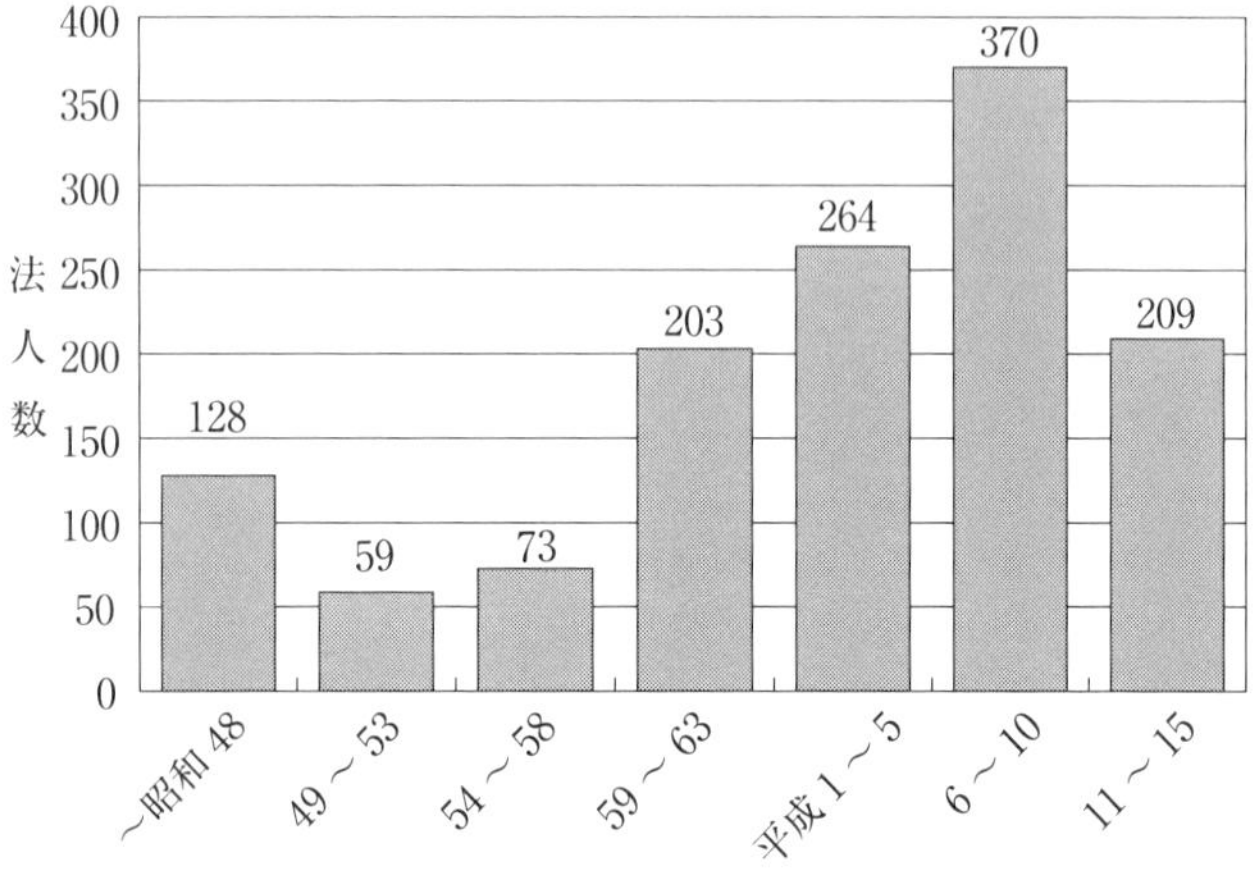

図6.1　海外生産拠点の推移

る。それぞれの国内の状況、国民性、生活条件に適合した製品を開発し生産するのは、現地で行う方が効率的である。

進出先は東アジアを中心に韓国・台湾→シンガポール→マレーシア→フィリピン・タイ・インドネシア→中国・ベトナムと南下している。表６・１に白物家電のメーカと海外生産国を示す。

１９９０年代は海外生産の影響をうけ日本国内におけるテレビ生産量は減少傾向にあった。また、家電の主力製品はカラーテレビ、ＶＴＲからパソコンおよびプリンター、スキャナなどの周辺機器に代わってきた。

日本の家電産業は１９８０年代には圧倒的な競争力を持っていた。品質、価格など量産によるコスト削減、リードタイムの短縮、品質の向上で他

表6.1　家電製品の海外生産国（アジア地域）

生産国	メーカ	製品
中国	三洋電機	エアコン
		掃除機
	東芝	冷蔵庫
	パナソニック	冷蔵庫
		電子レンジ
		エアコン
		洗濯機
		掃除機
	日立製作所	エアコン
		洗濯機
	三菱電機	電子レンジ
		エアコン
	シャープ	エアコン
		冷蔵庫
		洗濯機
		電子レンジ
	富士通ゼネラル	エアコン
フィリピン	パナソニック	冷蔵庫
		洗濯機
		エアコン
	シャープ	洗濯機
		エアコン
	三洋電機	冷蔵庫
タイ	パナソニック	洗濯機
	日立製作所	洗濯機
	東芝	洗濯機
		冷蔵庫
		冷凍庫
		エアコン
	三菱電機	エアコン
		冷蔵庫
	シャープ	冷蔵庫
		電子レンジ
		洗濯機
	富士通ゼネラル	エアコン
マレーシア	パナソニック	エアコン
	日立製作所	エアコン
シンガポール	三洋電機	エアコン
ベトナム	三洋電機	洗濯機
		冷蔵庫
	東芝	洗濯機
		冷蔵庫
インドネシア	東芝	冷蔵庫
	シャープ	冷蔵庫
	三洋電機	冷蔵庫
		エアコン

国を圧倒した。しかし1990年代になると、これらの優位性がなくなった。

第一に1980年代に大量に雇用した開発技術者の賃金や人員が欧米の先進国と比較しても割高になり、オーバヘッドとなって高コスト構造となってしまった。

第二に主力製品がカラーテレビ、VTRからパソコンに代わってしまったことである。パソコンは水平分業モデルの代表的な製品であり、各要素がモジュール化されている。各モジュールを個々に開発し、最終的に組み合わせて完成品にもっていける。

一方、テレビ、洗濯機、VTRなどの家電製品は、モジュール構造にするには難しく、多くの部品から成り立ち調整作業も必要になってくる。自社で基幹となる部品を開発し、製造するとともに、協力工場を使って部品を集積して組み立てた。1980年代後半の円高によって組立コスト、部品などが高コストになり、なおかつ海外部品の調達に切り替えが対応できなかった。

第三に製品のライフサイクルの短期化による収益構造の悪化である。以前ならば先行者利益を享受できた期間が長くとれたが、競合他社の参入によりその期間が短くなり、なおかつ次のモデルを仕込む必要があった。

第四に半導体と最終製品の両方を併せ持つ相乗効果が期待できなくなったことである。半導体、電子部品と完成品、最終製品を併せ持つ効果は製品の売上が見込めて、はじめて相乗効果として生まれてくる。主力製品であるパソコンでシェアが獲得できなければ投資の分散を招くことになり、結果として主力、成長製品のパソコンでシェアを確保できなかった。

このように平成に入って国内における家電製品市場は停滞したが、その活性化対策として出てきたのが、ユニークな機能を持った家電製品である。

今の消費者は商品に対し、必要なものは買うがそれほど必要でないものは買わない。その機能に共感できる人は迷わず買う。ユニークな特徴を追求し、共感を得る顧客層をしっかりとつかんだ方が、ヒットの確実性を増す。

ヒット商品の例として、過熱水蒸気で食品を加熱するオーブンレンジがある。健康志向に合致し、加熱時に肉料理の余分な脂分や塩分を除去する機能が共感を得ている。また、冷蔵庫では、発光ダイオード（ＬＥＤ）で特定の波長を野菜に照射すると、光合成を促進させビタミンＣが増す機能や、保温庫を持ち、作り置きの料理をこの機能で温かいまま保持する。家族の夕食がばらばらである現代の家族状況を反映したものである。

また、洗濯乾燥機はドラムを斜めに設置し、使いやすさを打ち出した。ドラムを斜めにすることによって、かがまずに衣類の出し入れができる、高齢者など腰を痛めたり、車椅子の家族がいることなど考慮し、使いやすさを訴えている。ユニバーサルデザインを意識し、高齢化の要請に配慮した設計となっている。

冷蔵庫や洗濯機は成熟製品の代名詞のような存在であるため、他者にないユニークな機能がないと単に価格だけの勝負になり、日本の家電製品の高品質、高機能の特徴が活きてこない。

6・1　新三種の神器

国内市場でデジタル家電の普及が急速に進んだ平成15年（2003）、「新三種の神器」と呼ばれる商品群が家電市場の主役に躍り出た。

デジタルカメラ、DVDレコーダー、薄型テレビを「新三種の神器」と呼んだ。これらの家電はフィルムカメラ、VTR、ブラウン管テレビなどの既存の家電製品（アナログ製品）が持つ利用シーンを完全に踏襲した製品であることと、映像や音声などの情報をデジタル信号で処理したことである。情報量が増えて質の劣化も少なく、ネットワーク機器との信号の授受が簡単にできる。仕事や趣味で使う人が多かったパソコンに比べ、テレビやビデオなど家庭の必需品がデジタル化したことで一気に普及した。

デジタルカメラの一般向け普及の口火を切ったのは、平成7年（1995）にカシオ計算機から発売された25万画素のデジタルカメラ「QV-10」である。撮影画像をその場で確認できる背面の液晶パネルを、世界で最初に用いたことは画期的であった。液晶搭載で発売当時の定

平成7年　世界初の個人向けデジタルカメラ
デジタルカメラ市場を開拓した画期的な製品
(カシオ計算機(株) 提供)

平成8年　1.8型液晶カラー
モニター搭載サイバーショットシリーズの初代
(ソニー(株) 提供)

平成13年　当時の世界最小デジタルカメラ
アクセサリーのように持って行けるIXY
(キヤノン(株) 提供)

価が6万5千円と低価格だったことで大ヒットし、デジタルカメラが市民権を得た。パソコンとの接続性を重視するなど、「撮ったその場で見られ、パソコンに取り込める」ことをセールスポイントに市場に登場し、その後のデジタルカメラ市場を形成するきっかけとなった。

平成12年（2000）には携帯電話にもデジタルカメラが付くようになった。画素数は11万画素と少なかったが、CMOSイメージセンサを搭載し、撮った画像はメールに添付して送信でき、カラープリントも可能であった。

デジタルカメラはフィルムに相当する部分が存在しない。光センサのCCDやCMOSが光量を感知した上で、光の波長とデジタル信号の置き換えを行い、写像の光の量をデジタル信号化したデジタルデータをメモリーに書き込む。メモリーに書き込まれたデジタルデータはデータとして汎用性を持ち、デジタルカメラが持つ小型液晶モニタ部に映し出されたり、TV画面に出力されたり、パソコンに取り込まれたり、プリンターによって紙に印刷されたり、現像所へ持ち込めば、フィルムカメラのプリントと同様に、印画紙に印刷されることも可能となっている。特にパソコンとの接続性を重視するなど、「撮ったその場で見られ、パソコンに取り込める」ことをセールスポイントに市場に登場し、その後画素数の拡大、ズーム機能の搭載、手ぶれ防止、コンパクト化にしのぎを削り、一眼レフもデジタルカメラ化され一大市場を築いている。

平成14年　薄型カードサイズのデジタルカメラ
実装技術の粋を集め世界最薄だった　エクシリム
（カシオ計算機(株)提供）

平成15年　一眼レフのデジタルカメラ
画像処理プロセッサ搭載
EOS　Kiss
（キヤノン(株)提供）

平成12年　初のデジタルカメラ付き携帯電話
11万画素で背面にレンズを装備
（シャープ(株)提供）

カシオ計算機のQV－10が発売された平成7年（1995）当時、国内市場規模は2～3万台程度といわれていた。平成11年には生産台数が506万台となり、平成13年には1596万台に達した。平成19年（2007）には1億36万台と、前年比27・1パーセント増を記録し、初めて1億台を突破した。出荷地域ごとの伸び率は、日本向けが16・6パーセント増、欧州向けが19・7パーセント増、北米向けが32・1パーセント増、アジア向けが30・9パーセント増、その他向けが52・5パーセント増で、北米、アジア、その他地域向けが大きく伸長した。わずか十数年で1億台を超える出荷台数を誇る製品となり、日本を代表する輸出製品となって世界市場に羽ばたいていった。

DVDレコーダーとは、DVD－Videoの再生のほかに、記録型DVDに動画などを記録できる据え置き型デッキである。これに対し、録画機能の無い再生専用機は「DVDプレーヤー」という。

最初のDVDプレーヤー（据え置き型）は東芝から平成8年（1996）に発売された。当初は最も下位の機種でも6～8万円程度と高価であったことや、対応ソフトの少なさから普及の出足は鈍かったが、その後ソフトも充実しはじめると順調に普及し，平成14年には全世界でVTR需要を上回るまでになった。

VTRのデジタル化を進めたのがDVDレコーダーである。平成11年（1999）パイオニ

平成8年　世界初のDVDプレーヤー

音声・字幕を自由に選択できた（東芝科学館 提供）

平成11年　世界初のDVDレコーダー

録画・再生を可能にした（パイオニア(株) 提供）

平成15年　ブルーレイDVDレコーダー

BSデジタルチューナ内蔵（ソニー(株) 提供）

アが世界初のＤＶＤレコーダー「ＤＶＲ－１０００」を発売。ＤＶＤ－ＲＷ方式対応で、価格は25万円であった。

平成17年（２００５）には世帯普及率が10パーセントを超え、本格的な普及期に入った。ハードディスク駆動装置（ＨＤＤ）や電子番組表を使った録画の便利さが浸透した。ＨＤＤの搭載は家庭のテレビ視聴・録画スタイルに革命をもたらした。録画の便利さに加えて保存が可能という、テレビ番組を録画・保存する習慣がある、日本人の需要に合致したためだと考えられる。

ＤＶＤレコーダーは既存のアナログビデオレコーダーの技術進歩の結果である。利用状況もテレビ録画と、レンタルビデオ店から借りる映画ソフトの再生である点は変わらない。しかし、ＤＶＤレコーダーもデジタルカメラと同様に記録方式がデジタル化されているため、記録した映像データには汎用性がある。また、アナログ映像を記録するビデオテープが時間経過で自然劣化していくが、より自然劣化に堅牢である光ディスクにデジタル記録されているため、劣化することなく保存することが可能となっている点も、デジタル化によるメリットである。

平成19年（２００７）秋から本格的に普及が始まった、次世代ＤＶＤレコーダーとしてＢＤレコーダーがある。情報の読み書きに青紫色のレーザー光を使うため赤色レーザー光を使用しているＤＶＤレコーダーより5倍の記憶容量がある。ハイビジョン画質対応の薄型テレビが一般家庭に普及しはじめ、画面の大型化が進んでいるのに伴い、ＢＤレコーダーのさらなる普及も期待されている。

これまでテレビはブラウン管を使ったものが主流だったが、ブラウン管テレビは、ブラウン管の中心軸から、画面に対して電子ビームの投射を行うため、この電子ビームの伸びる距離が結果的に大画面を実現することとなる。大画面になるにしたがってその奥行きが大きくなってしまう、必然的に大画面化にはブラウン管の大型化が必要であった。また一定以上の大型化が困難であるという欠点があった。そこで、奥行きの小さい薄型テレビの開発が進められ、日本では２００３年からの地上デジタル放送（地デジ）の開始と相まって、普及に拍車がかかった。

薄型テレビには液晶テレビとプラズマテレビがある。液晶テレビは画面のガラス面に細密化したトランジスタを埋め込み、２枚のガラス板の間に液晶状態の物質を封入し、電圧をかけることによって液晶分子の向きを変え、光の透過率を増減させることで像を表示する。液晶の特性を利用して、色信号を直接ガラス面から発色させる技術を使うことにより、テレビ画面の薄型化を実現している。

また、プラズマテレビはテレビ画面の裏面に対して、細密な画素数分に区分けしたセル単位で電磁放電を行い、２枚のガラス板の間に封入した高圧の希ガスに高い電圧をかけて、その放電の際に発色する画面表示を行うことにより、映像の発色を行っている。これらの発色のコントロールをデジタル技術で行い、ブラウン管が電子ビーム投射に必要であった距離を無くしたことで画面の薄型化を実現している。

液晶テレビを、民生用商品の市場投入をしたのはシャープであり、10・4インチ、92万画素のもので平成7年（1995）あった。

その後、平成13年（2001）年1月に20世紀から21世紀に変わるタイミングで「21世紀のテレビ」とのキャッチコピーで、一般家庭向きの20インチを発売し、インテリアデザイン的にも市場に受け入れられた。

プラズマテレビの方は液晶テレビより、若干遅れて市場に参入した。平成9年（1997）11月には富士通ゼネラルが、民生用42インチワイドタイプのプラズマテレビを発売し、ほぼ同時期の12月にパイオニアが世界初の50型高精細ワイドプラズマテレビを発売した。

21世紀に入って立ち上がった薄型テレビ市場は、平成15年（2003）に出荷台数が驚異的な数量を示した。液晶テレビの出荷台数は前年比90パーセント増、プラズマテレビが25パーセント増と急速な伸びであった。

液晶テレビやプラズマテレビなどの薄型テレビが急速に普及してきた、平成17年の国内市場では、薄型テレビが初めて従来のブラウン管テレビを出荷台数で上回った。大画面化や低価格

平成７年　初の家庭用液晶テレビ
10.4インチ　92万画素　（シャープ㈱ 提供）

平成９年　世界初42インチ　プラズマテレビ
壁掛けテレビとして注目された（㈱富士通ゼネラル 提供）

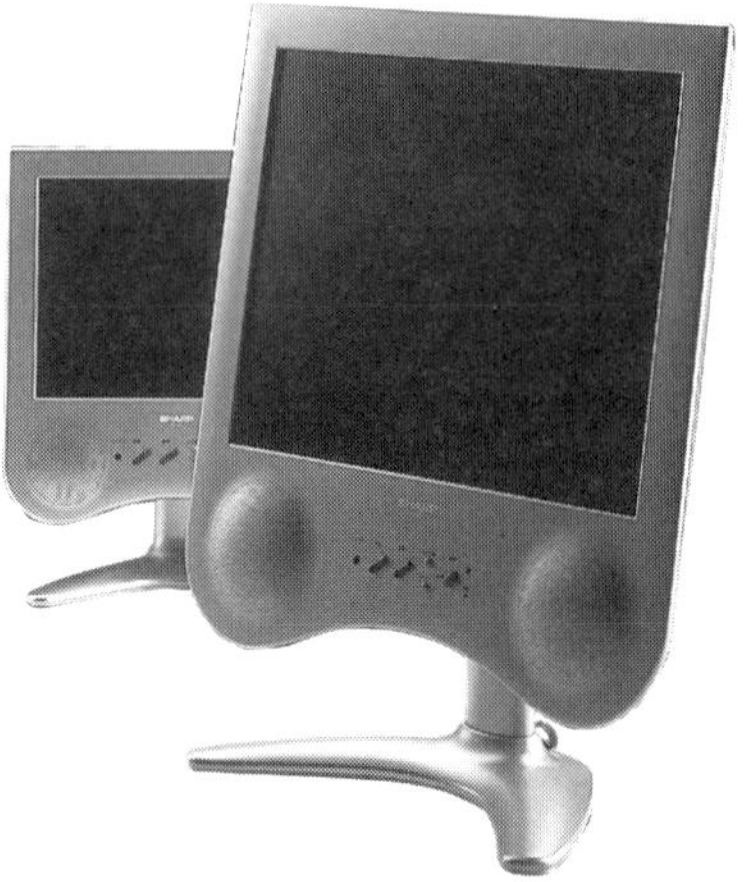

平成13年　薄型液晶テレビＡＱＵＯＳシリーズ
新時代のテレビとして市場を拓く（シャープ(株) 提供）

平成17年　薄型液晶テレビＢＲＡＶＩＡシリーズ
新バックライトシステムとフルＨＤが特徴（ソニー(株) 提供）

化、地上デジタル放送への移行など、テレビを取り巻く環境が大きく変化し、高額商品だった薄型テレビが価格的にも割安になり、リビングの主役となった。

日本人の生活が大きく変わるとき、3という数字が注目される。過去を振り返ってみると、昭和30年代の「三種の神器」。家庭娯楽や主婦の家事を軽減し、食生活をがらりと変えた「白黒テレビ」、「洗濯機」、「冷蔵庫」。次が高度成長期の「3C」。「カー」、「クーラ」、「カラーテレビ」は、日本経済の上げ潮に乗り、豊かで便利、快適な生活を実感させる存在となった。そして、「新三種の神器」。「デジタルカメラ」、「DVDレコーダー」、「薄型テレビ」である。「三種の神器」と「3C」は使い方が決まっていた。一方、「新三種の神器」は単独で機能するわけではなく、利用者が組み合わせて使って成長する商品といえる。

6・2　新機能冷蔵庫

冷蔵庫は家電の中でも、成熟製品の代名詞のような存在である。いかに食品の劣化を防ぐかに腐心し、冷却や冷凍といった冷蔵庫の基本機能の向上に努めてきた。それが一巡し、続いて冷却や冷凍機能から、一歩進んだ付加価値に着眼するようになった。

鮮度劣化の防止、清潔脱臭、使いやすさなど多様な機能が求められる背景には、少子高齢化のもと、高齢者や身障者、子どもなど誰でもが使いやすい、ユニバーサルデザインが当然の製品設計になっている。消費者が食品の購買時だけでなく、保存時においても食品に高い安全性を求めるようになってきていること、日本人の清潔志向といった風潮がある。それらの要望を満たす、ユニークな機能を持った、新機能冷蔵庫と呼ばれる製品群が平成に入って続々と出現した。

平成11年（１９９９）に発売された、冷凍しても包丁で切れる程度の硬さの冷凍庫。冷凍庫の温度は保存性を高めるために低ければ低いほど優れているというのが常識で、マイナス18度程度が多かった。しかし切れる程度の冷凍はこの常識に反して、マイナス7度に設定した。この程度の冷たさだと肉や魚がコチコチにならず、必要なときに切り分けて残りを冷凍庫に戻す。冷凍前に小分けにし直して入れる必要がなく、塊りで冷凍しても包丁で切れる硬さがポイントである。

平成12年には、熱いまんま冷凍できる冷蔵庫が製品化された。冷凍能力を高めるとともに、アルミ合金製トレーを設置することで、熱い食品をそのまま冷凍庫に入れられるようになった。作った料理のおいしさをそのまま保存し、解凍したときに作ったときと同様な賞味が得られるようにした。

平成16年（２００４）には野菜室に、オレンジ色の発光ダイオード（ＬＥＤ）を照射して、葉物野菜の光合成を促進してビタミンCを増やす製品が登場した。鮮度を保つという従来の冷蔵庫の役割を超えて、栄養を増やすという斬新な機能を実現したことで評判になった。

波長が640〜690ナノメーターと長い赤色の光は、ビタミンCなどの栄養素も増やすが、発芽や開花といった成長も促進してしまう。反対に、波長が420〜470ナノメーターと短い青色の光は、光合成も行うが、それ以上に発芽を促してしまう。これに対して、波長が590ナノメーターのオレンジ色の光は、野菜に対して光合成を促進させるが、開花と発芽は抑制する波長であることを利用している。

電源ボタンのない家電の冷蔵庫は24時間、365日働き続ける。家庭の電気代の25パーセントを占めて、節電技術の主戦場となった。

平成17年（2005）には節電技術開発の結果、壁面に真空断熱材を採用し、断熱効果を高めたことによって、壁面からの放熱が減り消費電力は、10年前の5分の1となる

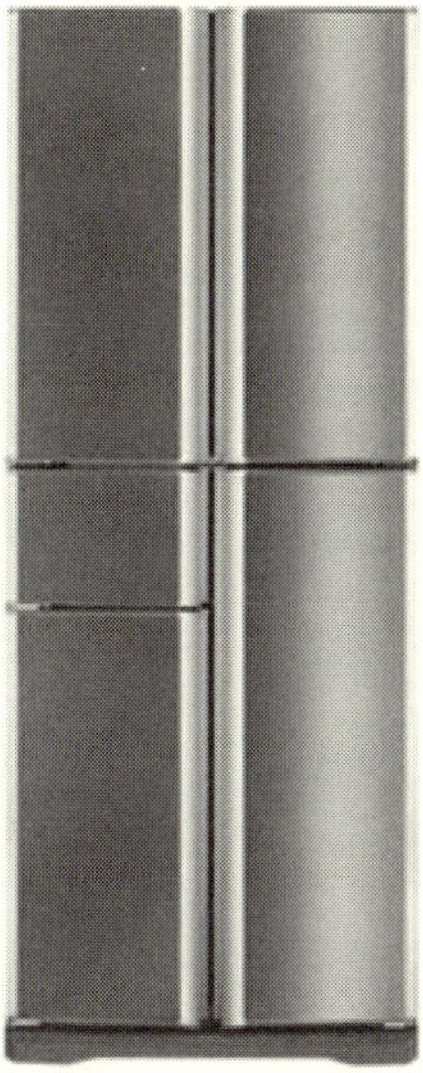

平成16年　野菜のビタミンを増量させる冷蔵庫

オレンジ色ＬＥＤで光合成を促す
（三菱電機(株) 提供）

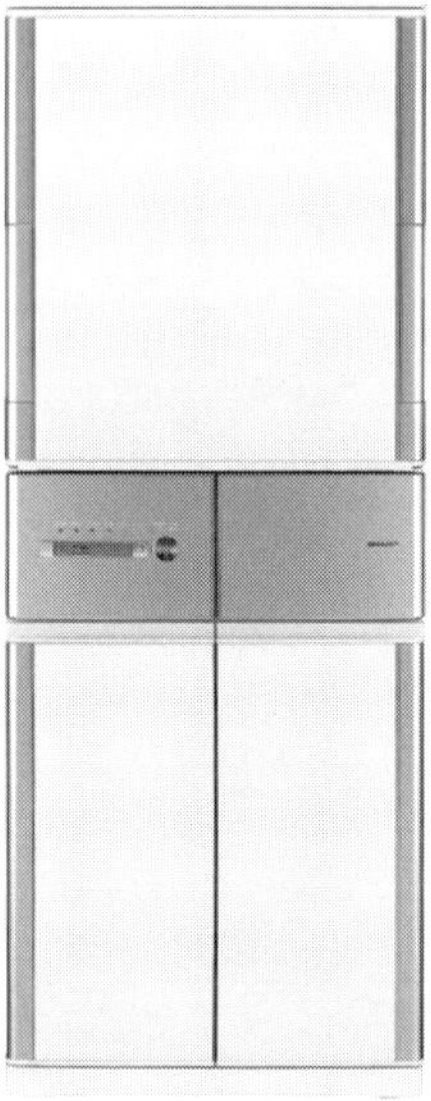

平成 17 年　真空断熱　冷蔵庫
消費電力が大幅に減った
（パナソニック（株）提供）

冷蔵庫が製品化された。真空断熱材で熱伝導率を下げて、冷蔵庫の壁面の厚みを減らし風路のレイアウトの最適化や冷却ファンの高効率化を図って、大容量化を実現した。冷凍庫では世界初で波長３８０ナノメーターの光を照射する発光ダイオードを搭載し、従来のマイナス3度ではなくマイナス2度で魚の切り身などの食材を保存できる機能を取り付けた。魚の切り身などはマイナス3度よりもマイナス2度で保存した方がアミノ酸が増大する。ただ、単にマイナス2度とすると菌も繁殖しやすくなって鮮度が落ちるため、３８０ナノメーターの光を照射することで菌の繁殖をマイナス3度で保存したときと同じレベルに保った。

冷却が、食品の傷みを防ぐレベルだった段階はとうに過ぎた、各メーカは便利で、おいしく、快適な保存を競い合っている。これは冷蔵、冷凍機能に限ったことではない。

冷蔵庫でありながら保温機能を付けたのも快適な保存からの要請である。作り置きの料理をこの機能で温かいまま保存する。実際に家族の夕食がバラバラであっても、こうした保温機能は、家族に少しでもおいしい料理を食べさせたい要望を満足させる。この保温機能を使えば、作り置きの料理を約55度の温度で維持し、時間がたってもおいしく食べることができる。帰宅時間がバラバラで食事時間が定まらない家庭に適した機能といえる。この保温機能が付いた部屋は、温度の調整が可能で、必要に応じて冷蔵庫にも冷凍庫にも切り替えができる。

日本人の清潔志向といった要望を満たす製品が、オゾンとプラチナ触媒を使用した脱臭、除菌機能を備えた冷蔵庫の登場である。ナノ光プラズマ装置で強力な脱臭・除菌力を実現し、冷蔵庫の標準買換えサイクルである12年間効果が続き、脱臭剤が不要になった。触媒と電極によって電気的ににおいを分解し、12年間メンテナンスなしで発揮できる。電気的にニオイ分子を分解する方式の為、吸着式の脱臭装置と異なり、長く使っても性能劣化がほとんどなく性能が持続する。加えて、野菜老化促進ガスとして代表的なエチレンガス、アルデヒド系ガスを分解し野菜の鮮度を保

平成17年　プラチナプラス　冷蔵庫

ナノ光プラズマの働きで強力脱臭

（東芝ホームアプライアンス（株）提供）

持する機能を実現した。

　平成19年（２００７）には真空室を備えた製品が出現した。低酸素状態にすることによって、酸化を防止するためである。冷蔵庫本体の冷蔵室内の１コーナーに、ビタミン類など酸化に弱い栄養素の損失を抑制する「真空チルドルーム」を設けた。チルドルームを密閉し、内部の空気を高性能小型真空ポンプで吸引し、ルーム内を低酸素状態にすることで、ＤＨＡやビタミン類、アミノ酸など、酸化によって失われやすい栄養素の損失を守る効果がある。ルーム内は約０・７気圧となっているが、これは酸化防止と低酸素化による変色を抑えるのに最適な数値だという。ルーム内の温度は約０度で、湿度変動も少ない。そのため、牛肉やバナナの皮や芯が変色するのを抑えたり、ほうれん草など野菜の鮮度保持や、コーヒー、お茶の風味劣化を防ぐ効果もある。

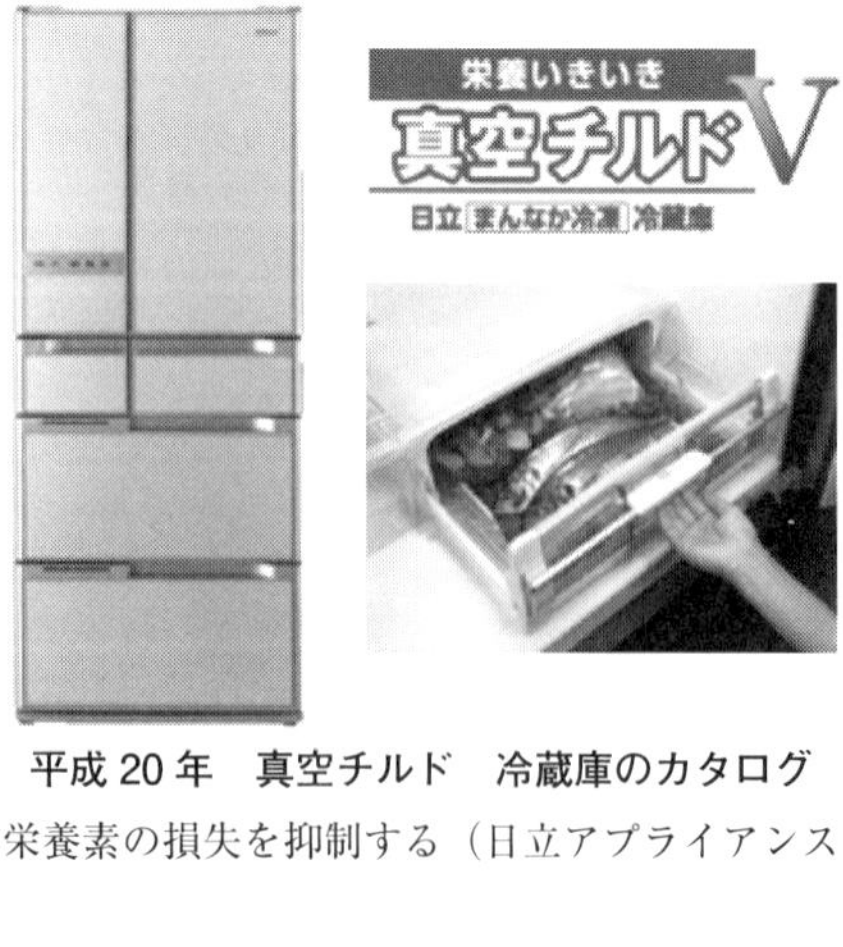

平成 20 年　真空チルド　冷蔵庫のカタログ

酸化に弱い栄養素の損失を抑制する（日立アプライアンス(株) 提供）

6・3　エコ洗濯乾燥機

国産技術の電気洗濯機が最初に発売されたのは昭和28年（1953）三洋電機から、角型の噴流式洗濯機である。その後、電気洗濯機に代表される、家電製品が一気に普及していき、この昭和28年を電化元年と名づけた。

それから、40年ほど経過し、平成に入って電気洗濯機はプレミアム家電といわれるように、高級化を志向するようになった。かつてない多様化の渦中にあり、共働きや核家族化で、降雨時や夕方に洗濯物を取り込む人がいない家庭、夜間に洗濯をする家庭、干す手間を省きたい人、花粉症やプライバシーなどの事情で外に干したくない人が増えた。

これらの多様なニーズを満たすため、洗濯、脱水だけでなく乾燥機能も取り込み、お風呂のお湯を利用できるようにし、夜間利用のための静音対策を施すなど、冷蔵庫と並んで成熟製品といわれる中、技術的進歩が著しい。

電気洗濯機の歴史をみると、洗濯槽のみ→手動式の脱水絞りローラ付き→脱水槽付きの2槽洗濯機→脱水まで終了する全自動洗濯機へと進化してきた。

乾燥機能が付いた洗濯乾燥機の普及が顕著である。平成12年（2000）に15万台だった出

平成19年　ななめドラム式洗濯乾燥機
高齢者にも使い易いユニバーサルデザイン
（パナソニック（株）提供）

荷台数が平成16年には89万台（対前年比130パーセント）、さらに平成17年、国内における洗濯機の需要は年間400万台のうち、4台に1台が洗濯乾燥機となり100万台を超えた。

洗濯乾燥機にさまざまな特色、高付加価値を有する新製品が投入されている。毎日使うから、あるいは共働きの夫婦のニーズが高いなどの理由から、高くても良いもの、使いやすいものが選ばれるようになった。その中でも横型のドラム式洗濯乾燥機は新しい技術を採用し、環境負荷軽減に配慮した「エコ洗濯乾燥機」といわれる製品の市場投入が相次いだ。

ユニバーサルデザインを意識して、斜め30度に傾けた「ななめドラム式洗濯乾燥機」。平成15年（2003）に国内で初めて発売された。傾けたドラム槽はしゃがまずに楽に衣類の出し入れができる。洗濯ものが取り出しやすく、水も節約できる。年間販売台数が20万台を超えるヒット商品になった。洗濯槽を傾けたので、少ない水を効率よく使える。水に浸してぐるぐる回す縦型と比べて1回に使う水は6割程度だ。しかし泥などの固形物の汚れは落ちにくかった。ドラムの中で洗濯物をたたき落とすため、タオルなどの仕上がりがごわごわする。これらの問題点を解消するのに新技術が投入された。ドラムを急にとめて、逆回しにすることを繰り返すクイック反転、きめ細かい動きが、汚れ落としに効果があり、衣類の絡みも抑えられる。この技術は世界の多くのＤＪに採用されている、ターンテーブルの技術を応用している。

また、節水の技術も盛り込まれた。乾燥時にヒートポンプを効率よく熱交換をし、ヒーターを使わずに温風を作る。湿気を含んだ空気をドラム内から取り込み、ヒートポンプで除湿し空気を温める。乾いた温風をドラム内に送り込む。乾燥時に冷却水を使わない、ヒートポンプ乾燥方式で大幅な節水を実現した。

平成18年　空気で洗う洗濯乾燥機
空気をオゾンに変えて衣類を除菌消臭
（三洋電機(株) 提供）

平成18年には「空気で洗う」というキャッチコピーのドラム式洗濯乾燥機が発売された。

殺菌、消臭効果のあるオゾンを使い、ぬいぐるみや枕など洗いにくいものを清潔にできる。空気で洗えるのは、付加機能にす

平成 19 年　風アイロン洗濯乾燥機

高速の風でシワを伸ばす
（日立アプライアンス（株）提供）

ぎない、重点は節水にある。従来の洗濯乾燥機のデメリットは乾燥にかなりの水道水を使う。ヒーターで暖めた熱風で乾燥するが、そのままだと大量の熱気と湿気が部屋に放出される。それを避けるため、排気を水道水で冷やして湿気を取る。これらの問題点を解消するため、2回目のすすぎ水をオゾンで浄化し、冷却のほか次の洗濯用として利用した。8年前の洗濯機は乾燥なしで245リットル使用していた。それが、1回の水使用量は50リットルで済むようになった。従来の洗濯乾燥機は1キロの洗濯物を乾かすのに10キロの水が必要だったが、これがまるまる不要になったためである。

家庭の主婦に嫌いな家事をアンケートしたところ、半数がアイロンかけと答えた。洗濯後の衣類のシワを少なくしてほしい、圧倒的に多い要望に応えたドラム式洗濯乾燥機が、平成19年に「風アイロン」という名称で発売された。新幹線より早い時速360キロの高速の風を衣類に吹き付けてシワを伸ばす。風量を増やすより、風速を上げた方がきれいに仕上がる。時速360キロの風を作るには高速回転モーターでファンを回さないといけない。掃除機がそうしたモーターを使っている。その技術を転用したものだった。また、この洗濯乾燥機はスチームアイロンの機能も兼ね備えている。吊り干した後やタンスにしまっていた衣類に水分をムラなく吹きかけ、高速風でシワを伸ばし、アイロンをかけずに着られる状態に仕上げる。さらに乾燥時の省エネ、運転時に発生する熱をムダにせず再利用することで、消費電力量を大幅にカットしている。モーターやヒーターから発生した熱エネルギーを回収し、乾燥時の温風に利用する。ファンモーターが駆動する際の熱や空気の圧縮熱も乾燥時の温風に利用する。さらに、モーターがドラムを駆動させる際の熱を、槽内に伝導させ槽内温度を上昇させている。

環境負荷を減らすことが時代の要請であることを反映して、基本機能に加えて高い付加価値を付けたことがヒット家電のポイントになった。

第7章　懐かしい日本的な家電

家電はもともと、欧米から発達してきた製品である。メーカによるマーケティング、消費者ニーズの先取りが進むにつれて、次第に日本的な家電が現れてきた。日本独特の生活習慣、気候風土、また家庭の主婦の家事労働を軽減したいなどの、消費者気質をベースにし、そこから生まれた和製家電は少なくない。

気密性の悪い木造家屋に対応して、部屋全体を暖房するのではなく、脚や手などを部分的に暖める、こたつやあんかなどの暖房器具は典型的な和製家電といってよい。また、米を主食とする日本人は朝晩、かまどで薪を燃やしてご飯を炊いていた。朝いちばん早く起き、夜はお釜の掃除をし、米をといで準備してから最後に休むという、主婦の家事から解放した電気釜は日本でなかったら、開発されなかった家電といってよい。

7・1　眠っている間にご飯が炊ける　電気釜

「デンキがまをかってきてやったぞ！」

「昭和34年（1959）11月、サザエさんがいる磯野家に電気釜がやってきた。波平の興奮ぶりとサザエとフネの目の輝きが印象的だ。それもそのはず、この時点で、磯野家には白黒テレビも冷蔵庫も洗濯機もなかった。電気釜は磯野家に電化時代の幕開けを告げるものだった。

世界初の自動式電気釜が3200円で発売されたのは昭和30年の事。当時の大卒初任給の3分の1程度というからけっして安い買い物ではなかったが、洗濯機や冷蔵庫と比べれば庶民でも十分に手が届く。売り切れ店が続出した。」（平成18・5・27　朝日新聞日曜版）

日本人は世界中のどの国の人たちよりもコメにこだわり、コメを愛しているといっても過言ではない。この電

昭和 30 年　世界初の電気釜

台所革命の先駆けとなった
（東芝科学館 提供）

気釜は典型的な日本的家電といってよい。世の主婦たちの家事負担を大きく軽減し、家電製品による「台所革命」というにふさわしかった。日本人の主食・コメ。どんなに高級な料理よりも、ふっくらと炊き上がったおいしいご飯に勝るものはないと考える人は多い。

かつて日本の主婦が行う家事で最も重労働だったのは炊事・洗濯、なかでも「飯炊き」であった。電気やガスといった、今では生活に欠かせないインフラが整備される以前、主婦は朝早く起き、まずカマドに薪をくべて火を起こす。冷たい水でコメを研ぎ、飯釜をカマドにかける。真冬の凍えるような寒さでの家事はとくに辛かった。

「はじめチョロチョロ、中パッパ、ぶつぶつ言うころ火をひいて、赤子なくともふたとるな」

火加減を調整するのも相当な熟練が要る。カマドでの飯炊きは、火加減や水加減を少しでも間違えれば、おいしく炊けずに焦げたり生煮えになってしまった。場数を踏み、コツをつかんだベテランの主婦でさえ、飯炊きでは常にカマドの火に気を配っていなくてはならなかった。炊き上がりの後の蒸らし、おひつへの移し、おひつの保温とご飯を炊いた後もかなりの技を要した。

この重労働が1年365日、毎日必ずのしかかってくる。おいしいご飯を食卓に乗せられなければ、即座に主婦失格の烙印を押される、そういう時代だった。

電気釜の登場は、世の主婦たちの家事負担を大きく軽減した。「寝ている間にご飯が炊ける」

昭和 30 年　電気釜の広告

主婦の家事労働が軽減された（東芝科学館 提供）

昭和 30 年代前半　電気釜の販売風景

憧れの家電だった（東芝科学館 提供）

というキャッチフレーズで売り出された。

朝、誰よりも早く起き、夜いちばん遅く寝る主婦。朝は炊事のしたくで、夜は夕食の後片付けと明日の朝の準備。1日1時間の睡眠不足、1年にして52日分、睡眠量が少ない。眠っている間にご飯が炊ける。この宣伝が相当の反響を呼んだ。年間52日分もの家事負担を軽くしたといわれる。これはまさに一つの家電製品による「台所革命」というにふさわしい。

電気釜本体は、間接式あるいは三重式といわれ、釜そのものが二重底になっており、その間に発熱体が装置されている。この釜に少量の水を注入してから、米と水を仕込んだ内鍋を入れて炊く。釜に注入した水が蒸発すると、鍋底の温度が100度を超えるが、一定の温度に達するとサーモスタットが働いて、電気が自動的に切れる機能が画期的だった。

7・2　寝正月の原風景　やぐらこたつ

こたつに入ってミカンを食べながら、テレビを見て過ごす正月、見るのに疲れたらうたた寝をする。このようにどこにも出かけず、正月を寝ながらのんびりと過ごすことを「寝正月」という。

昭和32年（1957）に発売された日本初の電気式やぐらこたつ。初年度に20万台を販売し大ヒット商品となった。

それ以前のこたつは掘りごたつで、床をくり抜いてそこに、炭火やたどんを入れ熱源とした。炭をつぎ足したり、たどんを入れ替えるという作業が不可欠だった。また安全面で大きな問題を抱えていた。それは火事と一酸化炭素中毒の危険性である。幼い子供が亡くなることも多々あったといわれている。

やぐらこたつは、部屋を自由に移動でき、使わない季節は、脚を取り外して押入れにしまっておけた。こたつのある部屋が唯一の暖が取れるところであり、家族全員が集まり、だんらんの場を演出した。

やぐらこたつは発熱体をやぐらの上部に固定し、暖かみを感じるために視覚上のデザインで、赤外線ランプを使用した。当初の製品は熱源部分が白かった、「これで本当に温まるのか」との疑問が消費者から出されたため、赤外線を採用した。天井部分に発熱体を装置し、そこから発する熱を反射板で反射させ、こたつの内部を暖めるような設計であった。熱源も、ニクロム線から、シーズヒーター、赤外線ランプ、レモン型赤外線ランプなど見た目も鮮やかな赤色へ変化した。後には光のない厚みの薄い遠赤外線型に落ち着く。構造も、折りたたみ脚、二つ折りタイプなど。大きさも42センチ角から92センチ角まで大きくなり、さらに家具調テーブルに発展するに及び、長方形で巨大テーブルも出現した。

昭和32年の発売と同時に爆発的に売れ始めた。昭和35年（１９６０）には年間２９３万台、昭和36年は３２５万台と増加し、昭和46年は４０７万台、昭和48年は６１７万台と急速に普及していった。昭和49年の７７８万台をピークに落ち着いていった。しかし、時代は家屋の高断熱化、アルミサッシの高気密化と、ヒートポンプエアコン、ファンヒーターなどの暖房性能が向上し、やぐらこたつの時代は過ぎようとしている。

昭和32年　初の電気式やぐらこたつ
初年度20万台の大ヒット商品となった（東芝科学館 提供）

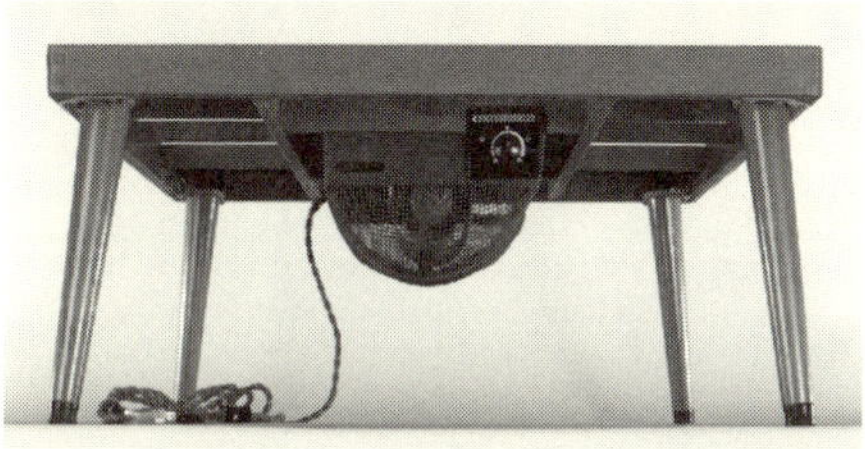

昭和35年　赤外線やぐらこたつ
速熱性にすぐれた赤い光の視覚効果（パナソニック(株) 提供）

7・3　日照不足でも快適睡眠　ふとん乾燥機

昭和52年の正月、家電販売店の店頭に海水浴用のエアマットかと思わせる、黄色い角型風船状のものが展示された。「ふとん乾燥機」である。

黄色の風船のコーナには直径6センチほどのホースがつながれていて下に置かれた、角型のポンプから温かい空気が送り込まれていた。ちょうど掃除機の排気側をホースにつないだような状態だ。

敷ぶとんと掛けぶとんの間に黄色い角型風船をはさんで温風を送ると、微細な穴から温風が流れ出し、布団の湿気を取り去って、日に干したようにふかふかになった。ふとん乾燥機は寒さしのぎに、ヘアドライヤーをふとんの中に入れて温風を吹き込むと、湿気がとれてふかふかになる、という独身社員の体験談にヒントを得て実現した

昭和52年　ふとん乾燥機

日本の気候風土を背景に急速に普及した

（三菱電機(株) 提供）

製品であった。

冬期だけの使用ではなく、梅雨期から冷雨夏にも活躍し、都会の住宅密集地帯など日照不足の家庭や、共働きで昼間ふとんを干す人がいない家庭、高齢者の家庭でふとん干しが重労働の家庭など、現代生活のニーズを先取りした製品となった。

発売当初は天候不順でふとんの天日干しがしにくい北陸地方でテスト販売された。その後都市部の高層マンション居住者等にも市場を広げ、更に近年はふとんのダニ退治機能が評価されて安定した市場を形成し、都市部から農村部に至るまで広く浸透し、現在にいたっている。

7・4　臭いがなくなった　ファンヒーター

日本の暖房機器には、古くから囲炉裏や火鉢、あんかやこたつなどが使われていた。明治以降には石炭ストーブや薪ストーブが、大正から昭和にかけては石油やガスを燃料とするストーブが、国内で生産されるようになったが、依然として火鉢やこたつなどの個別暖房を使用する家庭が多い時代だった。それは気密性が低く、すき間風の多い家の構造に起因していたといえる。

戦後、生活様式の変化で火鉢などから部屋全体を暖めるストーブなどの暖房に変化した。石

平成７年　石油ファンヒーター

暖房器具の主役に育っていった

（三菱電機（株）提供）

油ストーブ、ガスストーブ、電気ストーブなどがようやく庶民に普及しだした時代である。

昭和30年代、40年代は暖房機器のなかでも電気式やぐらこたつと、石油ストーブが一般的であったが、こたつはやぐらの中に入れた身体の一部しか暖めることができなかった。また、石油ストーブは点火時や消火時のススと臭いが難点だった。それまで、臭いの無い、部屋全体を暖める暖房機器はセントラルヒーティングしかなかった、だがそれは当時の値段でも１００万円以上と非常に高価だった。

昭和53年（１９７８）画期的な暖房機器が登場した。それまでの灯油燃焼につきものだった臭いとススの発生を抑えた石油ガス化燃焼方式の石油ファンヒーターである。灯油を空気圧送によってミクロン単位に微粒化し、最適温度に保たれた気化室に送り込んで気化し、空気との理想的な混合ガスにして完全燃焼させる。空気量を変えることにより灯油量が変わり混合バランスを保つ自立燃焼を可能にした。床置きタイプで特別な工事もいらなかった。

空気との混合ガスにして燃焼、発生した熱を本体背面にある送風ファンにより室内へと送り出す。送風ファンによって室内の空気が強制的に攪拌されるため、部屋全体を速く暖める能力に優れていた。完全燃焼するため、石油ストーブのような、ススや臭いが出ない点や、火の元が露出していないため乳幼児のいる家庭でも安心して使える、などの理由で普及が一気に進んだ。

昭和53年に初めて商品化され、その後各メーカによって発売された石油ファンヒーターであったが、近年では価格競争の激化などにより撤退した総合家電メーカも多く、最後まで残っていた1社が平成19年に撤退した。これにより全ての総合電機メーカが石油ファンヒーター事業から撤退し、暖房器具メーカのみが生産することとなった。

第8章　家電にみるキャッチコピー

広告は家庭生活のありようと深い関わりを持っている。家電の広告が一般化したのは戦後である、戦後の広告の歴史はそのまま家庭生活の歴史でもある。

戦後間もなく、電気洗濯機が耐久消費財の代表として家庭に持ち込まれた。主婦の洗濯労働からの解放、中腰姿勢を強いる過酷な家事労働を軽減したい、との要望に訴えるキャッチコピーが出てきた。

昭和30年ころからマイホーム前期が始まる。マイホーム前期の広告はそれを先取りする先見性を持っていた。

憧れの三種の神器を買うことからはじまり、次々に登場する電化製品を買いそろえることで、家庭電化は着実に浸透していった。家庭電化は豊かなマイホームのシンボルでもあった。昭和32年ころから登場する団地が、マイホームのイメージを端的に表した役割は大きい。2DKという言葉は以後、マイホームと同義語の扱いを受けていく。マイホームの歴史は電化製品を買いそろえる歴史でもあった。電化製品の中で最も高価な製品である電気冷蔵庫は、マイホームの演出ツールとしての役割を果たすことになり、そのことを強調するキャッチコピーが生まれていった。

昭和40年代に入ると、電子立国日本を代表する製品が出現する、電卓である。電卓はそれまでのビジネスマシーンから、家庭に持ち込んで個人で使う製品となっていった。キャッチコピーも個人向けに発信したものとなり、コマーシャルソングに乗って全国に流れていった。昭和50年代には、日本の半導体技術、ものづくり技術の粋を集めて最終的には、軽薄短小の極致をいく電卓に仕上がっていった。

平成に入ると、高付加価値があり、価格が高いのに人気があるプレミアム家電が登場する。他人とはひと味違う製品を求める消費者のニーズにもマッチした。そのきっかけになったのが水を利用した新型オーブンだ。健康志向を高めている日本人には、減カロリー減塩機能を強調したキャッチーコピーは魅力的に映った。成熟市場を、斬新なアイデアと新技術が成長市場に変え、その後のプレミアム家電の火付け役になった商品である。

これからの社会は質を重視する成熟社会になっていくということだろう。そういう観点から家電を選ぶ時代に入ったということである。

8・1　1年に象1頭分丸洗い

戦後の電機業界において、家電製品の中で最も早く販路を拡張する必要に迫られていたのは電気洗濯機だった。洗濯機だけは日本人メイドを使った方が安い、という理由から昭和22年5月で進駐軍への納入打ち切りを通告されたため、マル進景気の恩恵に浴せず販売ルートを国内に向けなければならなかった。

当時の洗濯は「洗濯板とタライでごしごしこすって汚れを落とす」のが一般的で、一日数時間かかる過酷な手作業、これは主婦にとっては大変な重労働だった。

攪拌型の洗濯機が主流であった昭和25年、洗濯機はまだ簡単に手の届く商品ではなかった。女性が自分ひとりの判断で、しかも自分の自由になるお金の中で買えるものではなかった。また世間の風潮も「女性の家事に機械はいらない」という認識であり、「男性中心」の社会の意識が壁になっていた。

「日本の奥さん方は、1年で象1頭分の重さの洗濯物をごしごし洗っている。この重労働を機械がするようになれば、きっと歓迎されるだろう」と、洗濯機事業の社会的意義を訴えるキャッチコピー、「1年に象1頭分丸洗い!」は分かりやすかった。それほどの重労働は機械にやらせるべきだ、との主張は理解を得やすかったといえる。

洗濯する量が象1頭分の根拠として、「1人当たり1日百匁、5人家族で五百匁、月にすれば15貫、1年で180貫の洗濯量である。これは上野動物園の象の花子さんの体重です。5人家族の奥さんは1年に象1頭丸洗いしていることになります」、180貫とは現在の単位では675キログラムになる。

象の花子さんは戦争に備えて猛獣が処分されてしまった後の、上野動物園にインドから贈られた象で、現在のパンダやコアラ以上に人気が

昭和25年　洗濯機の広告

重労働を象の重さでアピールした（東芝科学館 提供）

あった動物だ。

また、面積に訴えるコピーもあった。「丸ビルを洗うお母様！」「１人当たり１日百匁の汚れものを洗うとなると、面積にしてちょうどシーツ１枚分、シーツ１枚分を畳１枚分とすると５人家族で１日２坪、１年で９１５坪、20年で１万８３００坪。丸ビルと同じです」

当時、最大の建築物だった旧丸ビルの、地下室から屋上までの床の広さが同じだった。

昭和25年　洗濯機の広告

20年間の洗濯量を丸ビルに例えた（東芝科学館 提供）

昭和26年　丸型攪拌式洗濯機

噴流式が普及するまでは一般的だった
（パナソニック（株）提供）

8・2 目に青葉 山ほととぎす 冷蔵庫／おとうちゃんビール

「目に青葉 山ほととぎす 冷蔵庫」

昭和27年（1952）、電気冷蔵庫のキャッチコピーとしてはもっとも初期のものである。この当時、電気冷蔵庫の年間生産台数は、わずか3500台あまりであり、普及率は1パーセントにも満たず、高級な耐久消費財の位置づけであった。

「目に青葉 山ほととぎす 冷蔵庫――鰹は中へ入れました」という表現も電気冷蔵庫が従来の氷冷蔵庫による冷却から、電気による冷却に変わったメリットが何も表現されていない。

本来の句は、「目に青葉、山ほととぎす、初鰹」である。鰹（カツオ）は、日本人にとっては昔から初夏の旬として馴染み深い魚。栄養面でもたんぱく質や

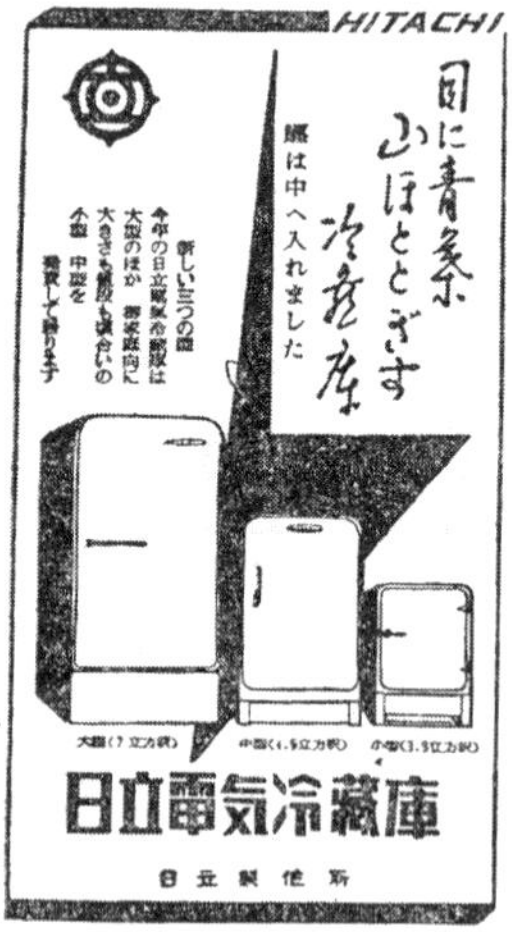

昭和27年 冷蔵庫の広告
現実味を帯びるのはまだ先のことだった
（日立アプライアンス(株) 提供）

鉄分、カルシウムなどのミネラル分なども豊富な魚だが、反面、傷みが早いのも特徴だ。庶民的な魚を前面に出して、アピールしているが、来るべき電気冷蔵庫時代に備えてのＰＲ効果を狙ったものといえる。

まだ高嶺の花だった冷蔵庫の広告が、現実味を帯びるのは昭和31年（１９５６）の次のコピーからだ。

「おとうちゃん　ビール！」

「急いでおうちへお帰りください。かわいい坊やとやさしい奥様　ナショナル電気冷蔵庫には　冷いビールが待っています」

かわいい坊やが冷蔵庫のドアを開けて、両手でビール瓶を掲げて待っている。このコピーはまさに豊かさの象徴であり、幸福なマイホーム像の表現である。

昭和30年代の広告費の大半はマイホーム主義のイメージの創造とその定義に使

昭和 31 年　冷蔵庫の広告

冷蔵庫のあるマイホームの原型

（パナソニック㈱ 提供）

われた。日本住宅公団が昭和30年（１９５５）に設立され、大都市周辺に鉄筋コンクリート造の集合住宅を供給した。昭和33年には団地族という言葉が生まれた。

昭和30年ころから始まり、昭和35年、36年にはピークに達する電化ブーム、住宅公団の団地建設などを背景とした、家庭中心主義は戦後の一大思想として広まった。そして電化製品は、それまでの家事負担の軽減、省力化、機能化としてよりもマイホームの演出ツールとしての意味をもってくる。この冷蔵庫の広告は、幸せ型マイホーム主義の原型ともいうべきものである。冷蔵庫の機能というよりも「冷蔵庫のあるマイホーム」が描かれている。

8・3　答え一発カシオミニ／ボタン戦争は終わった

昭和47年（１９７２）、6桁の1万円代電卓、カシオミニが誕生した。掌の上に乗っかる超ミニサイズで、それまで3万円前後の価格で繰り広げられていた電卓戦争に、カシオ計算機が1万２８００円という破格の商品を登場させた。

「とかくこの世は計算さ　数と数との絡み合い　答え一発　カシオミニ」

歯切れのいい「答え一発　カシオミニ」のコピーは、たちまち日本中に広まっていった。生産量も月産10万台という当時では考えられない桁外れの数量でスタートした。生産量については社内外で危惧する声が相次いだが、発売するや否やカシオミニは爆発的ヒットとなり、ほどなく月産20万台にまで達することになった。発売10カ月後には早くも100万台の出荷台数を達成し、その後も改良が加えられ、最終的には累計生産台数1000万台を記録する大ヒット商品となった。カシオミニは計算機が、事務機器から個人向けの小型文具へ移行する歴史的な商品となった。

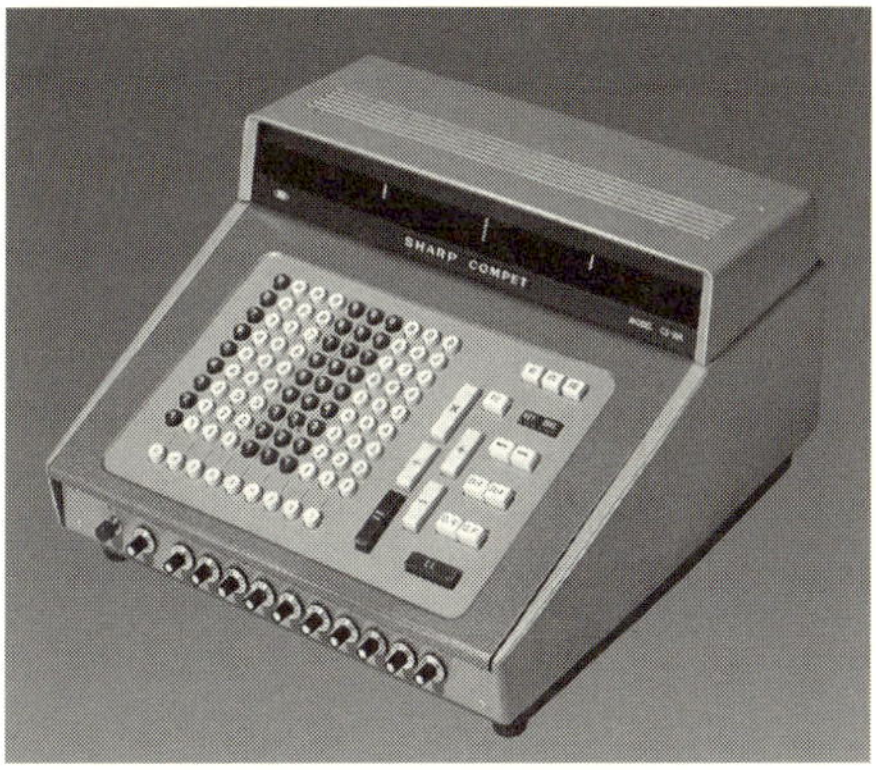

昭和39年　国産初の電卓

世界初のオールトランジスタ式電卓

（シャープ(株) 提供）

昭和48年にはシャープが電卓の表示部に、世界初の液晶ディスプレイを採用

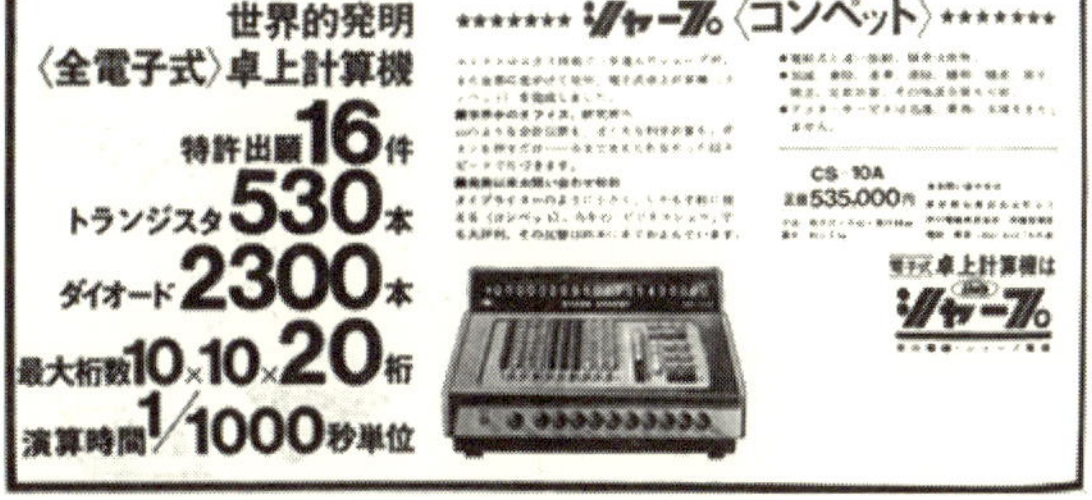

昭和39年7月31日　シャープコンペットの広告

特許とトランジスタの数を強調（シャープ(株) 提供）

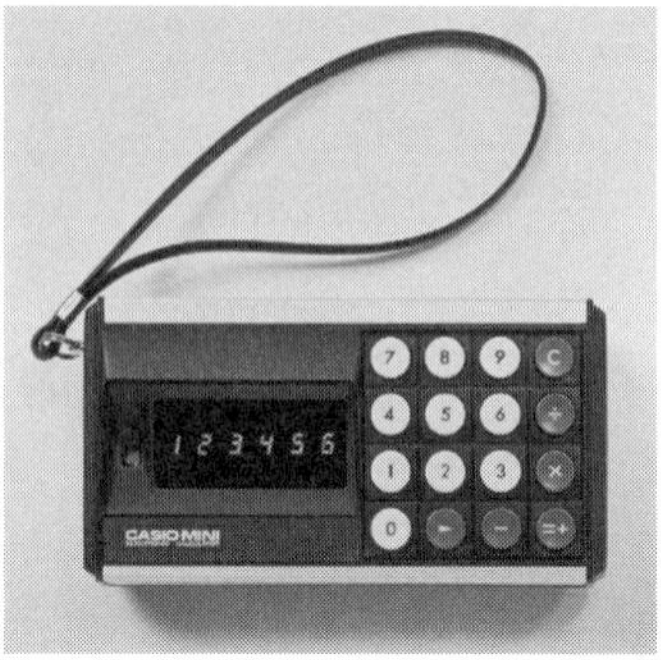

昭和47年　カシオミニ

電卓が事務機器から個人用文具になった
（カシオ計算機（株）提供）

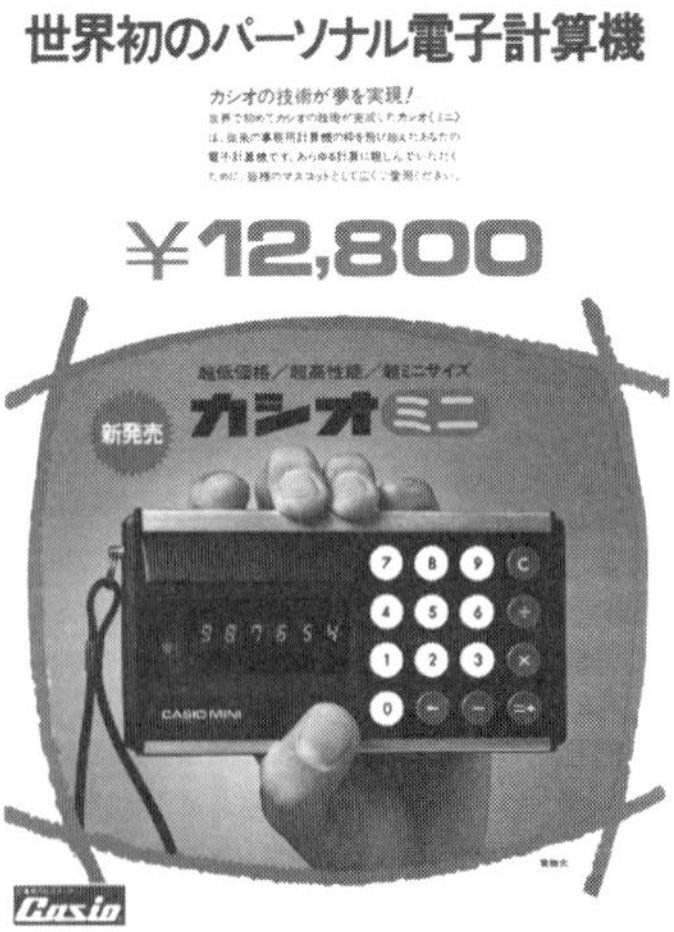

昭和47年　カシオミニの広告

コマーシャルソングにのって日本中に
広まった（カシオ計算機（株）提供）

した。これは消費電力を従来の１８７分の１にする画期的なものだった。半導体のなかで消費電力の極めて少ない、C－MOSを採り入れたことによるものだ。

液晶電卓は重さ２００グラム、厚さ21ミリ、部品の数は20点に過ぎず、単三電池１本で１００時間もつ驚くべき省電力だった。価格は２万６８００円、カシオミニの倍近くにもかかわらず、40万台の大ヒットを記録した。この電卓をきっかけに電卓の表示機能は蛍光管から液晶に代わった。またこの液晶電卓を境に、電卓戦争の内容は価格から薄さに移行する。

シャープの液晶電卓の発売以降、他社も液晶表示搭載の電卓を発売していくことになり、電力の消費量が蛍光表示管やLED表示電卓と比べ極めて少ないことから、ポケット電卓を中心に液晶化が進み、蛍光表示管やLEDタイプの電卓は急速に市場から消えて行った。そして多くの電卓メーカが市場から撤退し、電卓市場の寡占化が進んでいった。

昭和48年　世界初の液晶電卓

表示部が蛍光管から液晶に代わっていく

（シャープ(株) 提供）

昭和48年　液晶電卓の広告

低消費電力化、超小型化を実現した

（シャープ(株) 提供）

以後、液晶はエレクトロニクスの世界に一大革命を起こしていくことになる。いまや、われわれの生活は液晶に囲まれている。携帯電話やパソコンのモニター、ノートパソコンはいうに及ばず、DVDレコーダーの時刻やチャンネルの表示部分、デジタル時計の文字盤、ファクシミリの番号表示、カーナビゲーションの画面、ビデオカメラやデジタルカメラのファインダー

昭和52年　タッチキー電卓

「ボタン戦争は終わった」のコピーで大ヒットした（シャープ(株) 提供）

昭和52年　タッチキー電卓のテレビCM

電卓戦争の終了を示唆（シャープ(株) 提供）

そして、薄型の液晶テレビ。

昭和46年ころから電卓は主要部品を購入し組み立てさえすれば、どこのメーカでも作れるという商品になっていた。実に33社、２１０製品が乱立し厳しい価格競争と小型化、長時間駆動競争が繰り広げられた、電卓戦争である。昭和49年から51年にかけて激しい淘汰の砂嵐が業界を呑み込んでいた。ソニー、日立、セイコー、リコーが電卓戦争に見切りをつけ撤退し、ビジコン（昭和49年6月倒産）、栄光ビジネスマシン（昭和49年7月倒産）、システック（昭和51年7月倒産）と倒産メーカが続出した。1年間で8千万台もの電卓が作られ、市場は電卓の洪水と化した。

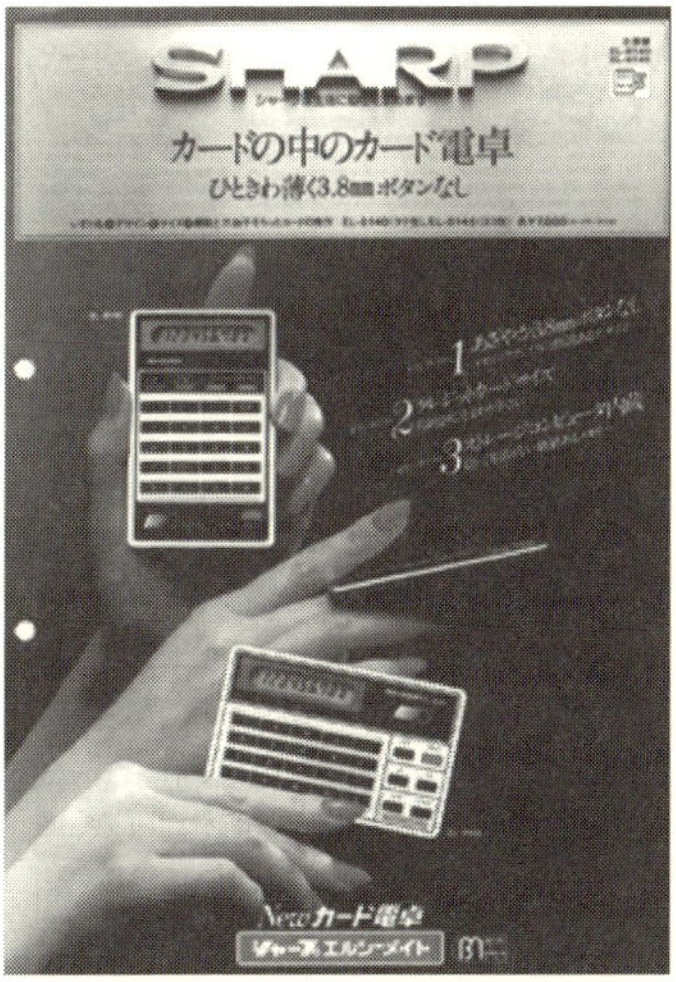

昭和53年　タッチキー関数電卓の広告

ボタンをなくすことで薄さを実現した

（電卓博物館 提供）

昭和52年シャープの手帳サイズ、世界初のタッチキータイプ電卓は押しボタンをなくし厚さ5ミリ、重さ60グラム、部品点数は3点になっていた。

ボタンなしで押すたびに音の出る「ピッピッピ電卓」は発売後たちまち大ヒットとなり、昭和53年夏までに実に３００万台を売りつくしてしまっ

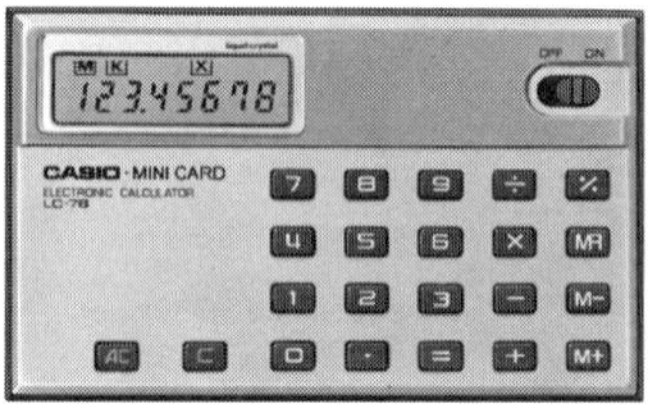

昭和 53 年　名刺サイズ電卓

ポケットに入れておくことができた
（カシオ計算機(株) 提供）

昭和 58 年　カードタイプ電卓

厚さ 0.8mm 軽薄短小の極致を実現
（カシオ計算機(株) 提供）

た。電卓戦争を意識し、「ボタン戦争は終わった」のコピーを展開し評判となった。

シャープの手帳サイズ電卓に対して、カシオ計算機は昭和53年に名刺サイズで厚さが3・9ミリ電卓を発売した。手帳サイズがヒットした理由は携帯性にある。携帯性なら名刺の方が優れている。このようにヒット商品が出たからといって安易にそれを追いかけない。独創的な技術で勝負をし、新たなヒット商品につなげていった好例である。

昭和58年に厚さが0・8ミリと、まさにカードと全く同じ大きさ、厚みの電卓が登場した。カシオ計算機からカードサイズ（幅85ミリ、奥行54ミリ）で厚さがわずか0・8ミリ、重さが12グラムと軽薄短小の極致を実現した電卓である。

誰でも財布にカードの一、二枚は持つ時代になっていたのだ。ポイントはフィルム状の液晶ディスプレイである。これが電卓がカードになるきっかけだった。太陽電池もフィルムにしなくてはいけない。LSIも0・5ミリ以下にする必要がある。その実装をどうするか解決すべき技術課題はいくつもあった。

このカード電卓は電卓がカードになって財布にスンナリと入るという面で画期的だが、その製造法にも大きな革新がある、それはすべての部品をフィルム状にし、そのフィルムをペタペタと張り合わせると一つの製品ができる、組み立て工程が不要になったのだ。まさに生産プロ

昭和59年　カードタイプ電卓

財布に入るクレジットカードと同等の形状

（シャープ(株)提供）

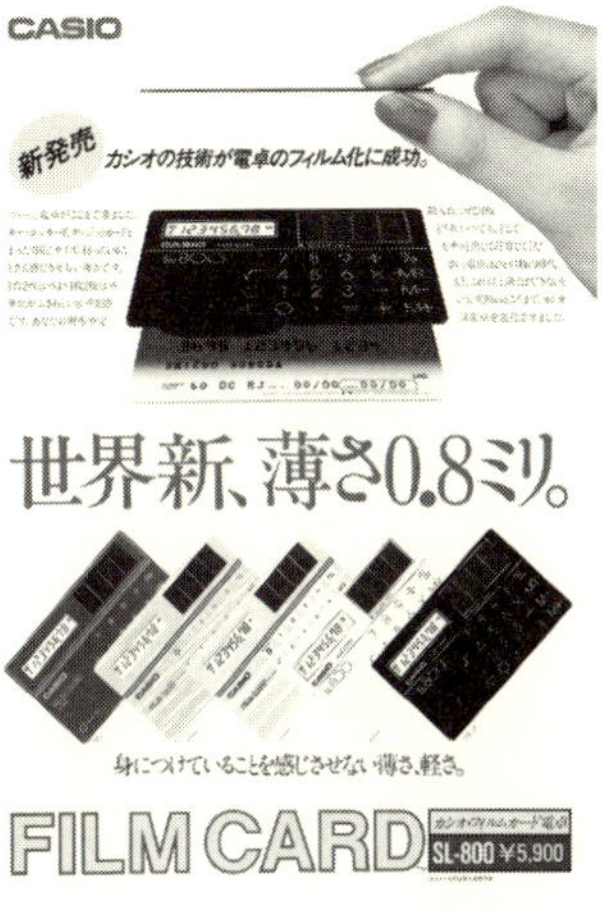

昭和58年　カードタイプ電卓の広告

電卓のフィルム化に成功

（カシオ計算機(株)提供）

セスの革新があったといえる。

8・4　水で焼くオーブン

平成16年（2004）シャープから発売されたオーブン「ヘルシオ」は、「水で焼くオーブン」という、刺激的なキャッチコピーで登場し、話題となった。健康にいいを前面に押し出し、電子レンジの平均価格2万円前後の中、12万6千円と高価格にもかかわらず年10万台を販売した。電子レンジのようにマイクロ波で調理するのではなく、300度以上に加熱した過熱水蒸気で調理するのを特徴とする。余計な脂分や塩分を落とし、内部の栄養素を壊さずに調理できるという特徴から、ヘルシー嗜好のユーザー層を取り込み、すぐさま大人気商品に成長した。水は、100度まで熱すると沸

平成16年　ウォータオーブン

健康を志向した水で焼くオーブンのコピーが支持を得た

（シャープ(株) 提供）

騰して気化する。そのとき発生する１００度の水蒸気を、ヘルシオでは、３３０度まで加熱。白い湯気から無色透明の「過熱水蒸気」という高温な状態にし、それを食品に直接吹きかけることで調理している。

ヘルシオが発売される前までは、ウォーターオーブン（過熱水蒸気オーブン）は、ホテルなどの業務用でしか使用されていなかった。しかし、ヘルシオでは、１００Ｖ、15Ａ電源での使用に成功。発売と同時に家電業界に大きな反響を呼んだ。発売直後の売れ行きは好調で、後に各社からスチーム機能搭載のオーブンレンジが発売されるようになり、ウォーターオーブン市場を広げるきっかけとなった。

ウォーターオーブンの調理の特徴は三つある。一つ目は肉や揚げ物の脂を減らす、低カロリー調理。凝縮熱の熱量が非常に大きく、食品に一気に多量の熱を与えられるため、食品内部の脂は短時間で溶解温度に達して溶け出し、自ら流出、落下する。さらに食品が熱によって収縮することで油脂がしみでて、表面に付着した凝縮水と一緒に流れ出す。

二つ目は塩鮭、塩サバ、干し物などの塩分を減らす減塩調理。ウォーターオーブンで調理すると塩の拡散作用（濃度の濃い所から低い所へ移動）により、食品内部にある濃度の高い塩分が食品表面に付着した濃度の低い凝縮水に溶けだし、この食品表面の凝縮水が食品から落下することで塩分を減らしてくれる。人気食材の塩鮭、塩サバ、アジの開き、ベーコンなどは保存のため、多くの塩を使っている。これらの食材の余分な塩分を減らして調理することができる。

三つ目は酸化を抑えて、ビタミンCの減少を抑える、低酸素調理。ビタミンCは酸化により分解しやすい栄養素だが、ウォーターオーブンは庫内に過熱水蒸気を充満させることで酸素を追い出し低酸素濃度状態で調理するため、ビタミンCのような酸化しやすい栄養素の酸化を抑制できる。

これら三つの特徴がメタボリック体質で、高血圧や肥満といった生活習慣病を気にする中高年層にアピールし、買い替え需要での購入促進に結び付いた。ますます健康志向を高めている日本人には、こうした減カロリー減塩機能のキャッチコピーは魅力的であった。

電子レンジの原理の発見は米国で戦時中、レーダーの工事をしていた技術者が、暑い日でもないのに、ポケットの中のチョコレートが溶けたことからヒントを得たといわれる。米国では1945年にレイセオン社が最初に商品化しているが、日本では昭和37年（1962）にシャープが業務用に作ったのが最初である。電子レンジが登場したとき「火を使わない20世紀の夢の調理器」という魔法のような技術が消費者の心をとらえたように、「水で焼く」という発想を逆転した技術が強くアピールした面もあるだろう。斬新な技術開発は、いつの時代も消費者の夢と「使ってみたい」というワクワク感を喚起することができる。

日本の家電製品は、新技術を形にして夢のある新製品を生み出すことによって暮らしを変え、新たな市場を開拓してきた。これからもこの流れはますます加速され、歴史に残っていく製品が生まれてくるであろう。

あとがき

今でこそ日本には家電で世界を代表する企業が何社もあるが、昭和前期には庶民の生活近代化のための家電生産は緒についたばかりで太平洋戦争に入りその結果、家電産業は壊滅的なダメージを受け終戦となった。

終戦を迎えた後、「米進駐軍家族用住宅」のための家電の大量発注が家電メーカに出され、規格品を期日までに納品することが義務付けられた。規格どうりの製品を大量に期日内に納入する。この量産技術が高度成長期に日本の家電製品が飛躍する基礎となった。

戦後しばらく、家電製品は外国技術への依存があったとはいえ、官民一体の共同研究や激しい企業間競争の継続が、導入された欧米技術の吸収、品質の改善とコスト削減を実現するのに寄与する一方、昭和30年代からの高度経済成長は、民間設備投資の活性化や所得向上による三種の神器などの需要を生み、家電生産は一気に拡大した。

その要因として、日本の潜在的な工業水準と労働力の質が高く、新技術を吸収しやすい状況にあった。良質で均質な労働力に支えられ、外国技術の導入が家電業界で容易だったことが大きい。

家電は当初、ヨーロッパで、次に米国から発達してきた製品である。メーカによるマーケティング、消費者ニーズの先取りが進むにつれて、次第に日本的な家電が現れてきた。

日本独特の生活習慣、気候風土、また家庭の主婦の家事労働を軽減したいなどの、消費者気質をベースにし、そこから生まれた日本的家電も少なくない。

洗濯機は丸型の攪拌式洗濯機が欧米では一般的であったが、日本の家屋に合うように場所を取らず、コーナに置けるように角型噴流式を開発した。

洗濯機は発売当初、男性層の潜在的な抵抗感があった。洗濯物は手で洗い、すすいで汚れを取るのが女の仕事、それを機械に肩代わりさせて仕事をサボるものは怠け者だという意識が先行していた。電気掃除機も同様に、掃除は主婦の聖域それを機械にやらせるのはもってのほか、という中高年主婦層の潜在意識によって普及は阻まれていた。住宅環境の洋風化や女性の社会進出、家事労働の軽減による時間の有効活用などの意識的変化で、掃除機や洗濯機は一気に普及していった。

家庭の主婦の睡眠時間を52日間伸ばしたといわれる、電気釜も典型的な日本的家電である。釜そのものが二重底になっており、その間に発熱体が装着されている、当時としては画期的アイデア商品であった。現在では電子炊飯器となり、マイコンで複雑は加熱工程を制御している。また、かまど炊きのご飯を再現した、といわれる木炭釜を使った高価な炊飯器も市場に出て団塊の世代に支持されている。かまど炊きのつらさを電気釜で解消したのであったが、そのかまど炊きの味を今度は進化した炊飯器で実現しようということである。

冷蔵庫のなかにも日本的な家電の工夫が盛り込まれた。ドアポケットのバター入れに、弱いヒーターをつけて、取り出して直ぐにトースターに塗れるように対応したのも典型的な例である。消費者の声を地道に吸い上げ次の製品開発に反映する。モデルチェンジで、きめ細かい対応と繰り返し改良していく設計思想が、日本の家電製品の特徴となっていく。

日本の家電製品の技術的な進歩はめざましく、特に昭和40年代のカラーテレビに代表されるように、これまでの外国技術への依存から、自前の技術へと脱却していった。積極的な技術導入、技術革新をはかったことによる生産能力の飛躍的な拡充があった。技術的な進歩のみでなく、もの造りの生産技術においてもめざましいものがあった。故障が少ない、寿命が長い、塗装・色むら・キズがないなどの高品質、徹底・継続したコスト削減活動など世界最高水準の価格、品質の成果を上げた。

わが国の家電産業は、戦後から今日に至る間に驚異的な成長を遂げた。そのスピードたるや、エレクトロニクス先進国のアメリカやヨーロッパ諸国が驚嘆するほどであった。トランジスタラジオ、VTR、ヘッドホンステレオ、液晶テレビ、プラズマテレビ、デジタルカメラ、DVDレコーダーなど世界をリードする家電製品を開発した。これらの製品は高い技術力、労働生産性に支えられた企業間の開発競争、頻繁なモデルチェンジ、差別化の追求により強い国際競争力を確保していった。

今日、価格は高いが高付加価値がある、プレミアム家電に人気がある。

冷蔵庫や洗濯機は技術的にほぼ開発し尽されたと考えられていた。その中で、新しい機能を追加し、新たなユーザ層を掘り起こしている。LEDを照射すると野菜のビタミンが増える冷蔵庫、また魚、肉などの酸化を防ぐ真空のチルドルームを備えている冷蔵庫など。低酸素状態にすることによって、酸化を防止するためである。

洗濯機においても、新技術の投入がみられる。ドラムを急にとめて、逆回しにすることを繰り返すクイック反転、きめ細かい動きが、汚れ落としに効果があり、衣類の絡みも抑えられる。この技術は世界の多くのディスクジョッキーに採用されている、ターンテーブルのモータ技術を応用している。また、乾燥時にヒートポンプで効率よく熱交換をし、ヒーターを使わずに温風を作る。ヒートポンプ乾燥方式で大幅な節水を実現した。

薄型テレビについても既に、新技術の開発が進んでいる。有機ＥＬ（エレクトロ・ルミネッセンス）を使ったテレビである。有機ＥＬは、電流を流すと自ら発光する有機材料を使った技術で、消費電力が少なくて済み、液晶よりも薄型化できる。大型化が難しいといわれていた有機ＥＬテレビが、薄型テレビ市場を活性化するか注目される。また、映像が飛び出して見える３Ｄ（３次元）技術が脚光を浴びている。専用メガネをかけると、登場人物が浮き出して見え、その場にいるかのような臨場感がある。

家電産業は新技術を形にしてワクワク感を喚起させる、夢のある新製品を生み出すことにより、暮らしを変え、新たな市場を開拓してきた。これからもこの流れはますます加速され、歴史に残っていく製品が生まれてくるであろう。

これからの社会は質を重視する成熟社会になっていくと思われる。環境負荷、エネルギーコスト、リサイクル性などが重視される、そういう観点から家電を選ぶ時代に入ったということである。

本書を出版するにあたり、掲載している画像は各企業に使用許可をいただいた。これらの許可申請、また図版や文章を丁寧に校正していただいた産業図書㈱編集部の鈴木正昭氏に感謝いたします。

東芝科学館　http://kagakukan.toshiba.co.jp/index_j.html
東芝キャリア　http://www.toshiba-carrier.co.jp/index_j.htm
東芝ホームアプライアンス
http://www.toshiba.co.jp/tha/about/press/090402.htm
日本ビクター
http://www.jvc-victor.co.jp/company/profile/innovative.html
日本を変えたプロダクト図典
http://www.nipponstyle.jp/modules/news/
パイオニア　http://pioneer.jp/corp/70th/history/index.html
パナソニックミュージーアム
http://panasonic.co.jp/rekishikan/product/product.html
日立アプライアンス　http://www.hitachi-ap.co.jp/
富士通ゼネラル　http://www.fujitsu-general.com/jp/index.html
三菱電機　http://www.mitsubishielectric.co.jp/

佐竹博：計測・制御、産業図書、1986
天野倫文：中国家電産業の発展と日本企業、開発金融研究所報、No.22
松田久一：情報家電産業の再生とリバイバル戦略、JMR 生活総合研究所

(ホームページ)

カシオ計算機　http://www.casio.co.jp/company/history/
ガーデンハウス　http://www.gardenhouse.jp/icebox.htm
北名古屋市歴史民俗資料館
http://www.city.kitanagoya.lg.jp/tanoshimu/minzoku/syowa_mono/electric.php
キヤノン　http://canon.jp/camera-museum
キヤノンセミコンダクターエクィップメント
http://www.canon-semicon.co.jp/profile/story.html
経済産業研究所：情報家電の現状と今後の展望
http://www.rieti.go.jp/it/elife/pdf2.html?page=page2
国立科学博物館産業技術史資料情報センター
http://sts.kahaku.go.jp/sts/stsdb.html
三洋電機ミュージアム　http://sanyo.com/museum/jp/history/
シャープ　オンリーワン・ヒストリー
http://www.sharp.co.jp/corporate/info/history/only_one/index.html
ソニー歴史資料館
http://www.sony.co.jp/SonyInfo/CorporateInfo/History/Museum/index.html
電卓博物館　http://www.dentaku-museum.com/
東京電力　電気の史料館
http://www.tepco.co.jp/shiryokan/index-j.html

＜参考・引用文献＞

梶祐輔・天野祐吉・福沢一也：生きているキャッチフレーズ全書、自由国民社、1972
山田正吾：家電今昔物語、三省堂、1983
佐竹博：日本における家電製品の潮流、城西大学経営紀要第2号、2006
内橋克人：匠の時代1巻・2巻、講談社、1982
青山芳之：家電、日本経済評論社、1991
佐竹博：日本の電気計測器産業の特質、城西大学経営紀要第3号、2007
清水慶一：あこがれの家電時代、河出書房新社、2007
久保允誉編：家電製品にみる暮らしの戦後史、ミリオン書房、1994
森谷正規：技術開発の昭和史、朝日新聞社、1990
佐竹博：プリント配線板の熱設計、産業図書、1997
NHK「プロジェクトX」制作班編：プロジェクトX第8巻・15巻・16巻・18巻・21巻・29巻、NHK出版、2003
日本機械学会編：生活を変えた技術、技報堂出版、1997
原克：ポピュラーサイエンスの時代、柏書房、2006
日向直明：図解デジタル家電が産業のトップになる、中経出版、1999
日本インダストリアル・パフォーマンス委員会編：メイド・イン・ジャパン，第II部、第2章、ダイヤモンド社、1994
「中国・華東地区の実装見て歩き　Part2」、エレクトロニクス実装技術、Vol.21　No.1

〈著者略歴〉

佐竹　博（さたけ・ひろし）

1948年岩手県生まれ　東京大学大学院工学研究科修士課程修了
現在：横河電機生産技術本部C/D　PJTリーダー
城西大学経営学部非常勤講師、埼玉県技術アドバイザー
主な著書：「計測・制御」（産業図書）、「プリント配線板の熱設計」（産業図書）、「工業用センサ」（技術情報協会）その他

日本の家電製品―昭和を彩った家電製品―

2009年9月18日　初　版
2016年3月31日　第3刷

著　者　佐竹　博
発行者　飯塚尚彦
発行所　産業図書株式会社
〒102-0072　東京都千代田区飯田橋2-11-3
電話　03(3261)7821(代)
FAX　03(3239)2178
http://www.san-to.co.jp

装　幀　遠藤修司

ISBN 978-4-7828-5552-2 C 0054

印刷・製本　平河工業社